中公文庫

原子力は誰のものか

ロバート・オッペンハイマー
美作太郎
矢島敬二 訳

中央公論新社

まえがき

過去数年間の私の講演と論文の少しばかりが日本で再び公表されることは、私として光栄です。このようなものが日本の人びとに読めることになったことは、まことに適切なことであります。これらのうち多くのものは、原子力の解放によって私と私の同僚たちの心に呼び起こされた危惧《きぐ》と希望とに直接関連しています。これらの考察が多かれ少なかれ日本の私の友人や同僚の関心事となることを私は知っています。

本書に採録された文章のうちには科学の仕事と一般の人間文化との関係という、いっそう大きな問題を取り扱っているものもあります。私は日本の学者である私の多くの友人たちから、これらの問題もまた日本でいかに深く考慮されているかを知るようになりました。

私が話しまた書いたことがいささかなりとも役に立つことならば嬉しいことでありますし、もしそれによってこの最も興味ある、最も困難な時代の関心事についてわれわれがいかに多くのものを共有しているかが明らかになるならば、それは特に私の喜びとするところです。

一九五五年八月二二日

ロバート・オッペンハイマー

目次

付録

原子力は誰のものか

原子力時代と科学者

本講演は一九四五年一一月二日、ニュー・メキシコ州ロス・アラモスのロス・アラモス科学者協会の集会でおこなわれたもので、題名は訳者がつけたものである。著者は一〇月一六日にロス・アラモス研究所所長を辞任し、一一月からカリフォルニア工科大学に勤務した。

皆さん方にお話しする機会を与えられたことを協会に感謝いたします。今晩私は科学者仲間として、また少なくとも私たちの陥っている苦境をともに憂える仲間としてお話ししたいのです。もし久しい以前のことを記憶している方があれば、その方々は認めていただけると思います。私は非常に根本的なこととか、偉大な悟りの閃きをもって皆さんの多くをあっといわせるようなことはなにもお話しできません。何らかの方法で私はもっと早い時期にお話ししたかったのですが、所長としてお話しすることはできなかったのです。私は実際的な政治関連の問題についてあまり多くを話すことはできませんでしたし、今晩も話さないつもりです。それには一つ理由があります。それは過去においてある程度私を拘束してきたものです。ご承知のように私たちのあるものは陸軍長官の、そして長官を通じて大統領の技術顧問を委嘱《いしょく》されていました。なりゆき上、私たちは当然みずから考えたことを討議してきましたし、またしばしばみずから進んで機密の聞き手にさせられてきました。Ａ氏が何を考えているか、そしてＢ氏が何を考えているかについて、あるいは来週何が起ころうとしているかについて詳細に語ることは、これらの機密を侵すことなしには不可能であります。私はそのようなことを語ることが重要であるとは考えません。私はまったく単純でしかもまったく深遠な問題、科学者のグループとしての私たちにかかわり、おそらく世界の他のグループのいずれよりも大きくわれわれにかかわっている問題があると考えています。この問題を考えることこそ、われわれの立場がどうなっているか、われわれにどんなことが起こったかを直視するのに役立つのであり、そしてそうすれば、前途に予想される容易ならぬ時代に力の源泉となると思われる誠実、洞察が得られるに違いないと考えます。私はできる限り深く真剣にこの問題を考えたいと思います。そしてあとの討論に入ってからもっと直接的な問題に触れたいと思います。私に質問したいと思う方はどしどし質問を出していただきたい。そしてもし私がお答えできないときは——しばしばそんな場合があると思いますが——、私はできないと申し上げるはずです。

　われわれに起こったこと——それはなかなか大変な出来事です。あまりにも大変でありますのでわれわれは二十世紀の偉大な開発である相対性理論の発見、原子論の発展、相補性理論によるその解釈に立ち戻ることになります。

　ご承知のように、これらの事柄はわれわれに科学と常識との間の関係を考え直さざるをえないようにしました。私たちは一定の言葉をしゃべったり一定の概念を用いたりしていますけれども、現実の世界のなかにそれらに対応するものがないと認めざるをえなくなりました。人類が現実を取り扱うために試みた方法は現実に対して不適当であることを心得ていなければならないようになりました。これらの心得は科学者が研究対象の性質からいやいやながら身につけたものでありますが、今日の問題点がなんであるかについてより根本的な見方をさせるという点で有用であります。しかし、この見方を身につけることはこういう心得をもっていない人びとには自然ではなく容易ではないでしょう。

しかし原子爆弾と原子兵器創造の衝撃——これを理解するためには、ずっと以前をふり返らねばならない、思うに自然科学が育ちつつあったルネッサンス時代、科学のもたらした脅威がキリスト教世界全体にわたって実に深刻に感じられた時代をふり返らねばなりません。もちろん、この類比は完全なものではありません。人間が生きるために依存していたもろもろの価値に対して新しい理論が脅威のように思われていた十九世紀の頃のことを考えられてもかまいません。類比が完全でないというのは、私たちがこの研究で成し遂げたこと、またここでの仕事に直接先行した物理学または化学において成し遂げたことのなかには、およそ革命的な思想を含んでいるようなものは何もなかったからであります。私は、核分裂の概念というものは、これを理解するために、誰であれ骨を折らねばならなかったとは考えません。また私は、核分裂を追求することによって、私たちの誰もが、深い意味でそこから多くのものを学び取ったとは感じていません。それはまったく趣を異にしています。それは思想ではありません。発展であり、現実であるのです。しかし、科学そのものが脅かされているという事実は、物理学の初期の時代と共通しています。これが私の少しばかりお話ししたいことなのです。

なぜ衝撃がそれほど強いかということは述べるまでもないと思いますが、三つの理由があります。第一の理由は、まさに科学の最前線の事柄が、多くの人びと、そしておそらくはすべての人びとに影響を与える言葉に翻訳されていった、あの異常なスピードです。第二は多くの点でまったく偶然的であり、右のスピードと関連した次の事実、すなわち科学者自身が原子兵器の基礎を用意することだけでなく、現実に原子兵器をつくることに実に大きな役割を演じたという事実であります。第三は、私たちのつくったものが、幾分は問題の技術的な性質によって、幾分はめぐり合わせがよかったせいもあって、切っ先を鈍らせる間もなく鋭い現実性と唐突さをもって、まさにこの世界に出現したということです。

科学の置かれた位置がどこにあるかを考察するにあたり、科学の仕事に入ったときの動機について人びとが何といい、何を感じたかについて少し考えてみることは役に立つでしょう。もちろん話された動機など当てにならないといわれるかもしれません。多くの人びとが違ったことをいいましたが、それらの大半には多少もっともなところがあると私は思います。まず第一に、敵側がわれわれより先にこれらの兵器を開発しはしないかという懸念、それから、原子兵器がないと戦争に勝つのは非常に困難ではなかろうか、不可能ではなかろうか、驚くほど永くかかりはしないかという感情——少なくとも初めの頃には非常に強かった感情がありました。これらのものは、どのみち戦争には勝つだろうということがはっきりしてくると少し弱まりました。好奇心に動かされた人びともいましたし、冒険心に動かされた人びともいたのだと私は思います。それはいずれも当然なことです。もっと政治的な議論をして、次のようにいう人びともいました。「さて、われわれは原子兵器が原理的に可能であることを知っている。原子兵器が出現するのは世界の脅威である。原子兵器の分野で可能なことを知りこの可能性と取り組むべきなのだ」。そして、それらの人びとはこれに付け加えていいました。「現在は全世界の人びとがこの問題を取り扱うのに特にうってつけの時期なのだ。なぜなら、戦争の害悪をじかに体験したし、たとえ原爆のない戦争であっても、こんなことはもう御免だという叫びが誰の口からもあげられているからだ」。そして最後に、しかもそれはいまでも正しいと思うのですが、原子兵器の開発が、適正におこなわれる機会に恵まれている点で、また事故災害の機会が少なかろうという点で、合衆国にまさる国はおそらく世界に二つとないであろうという感情がありました。私は人びとのいったこれらすべてのことは正しいと信じます。そして私自身これらすべてを折にふれていったと思います。

　しかし、率直にいうならば、われわれがこの仕事をした理由は、それが組織の上の必然であったからであります。皆さんが科学者であるならば世界がどう動いているのかを発見するのはよいことであると信じているでしょう。現実とはなにかを発見するのはよいことである、世界を統御するための最大可能な力を全人類に与えるのはよいことである、知識と価値に応じて世界を扱う最大可能な力を全人類に与えるのはよいことであると、信じているでしょう。

　秘密や秘匿や統制や保安の害悪についてはたくさんのことが語られてきました。その意見のなかには煎じ詰めれば、やりたいことが自由にできない世界で仕事をするのはむずかしい、あるいは不便だ、という程度の、むしろ低調なものもありました。私はこのような意見には相当の理由があると思いますし、統制と秘密を課せられることに対する科学者のほとんど異口同音の抵抗は正当な態度であると考えます。しかし、この抵抗の理由はもう少し深いところにあるのかもしれません。私は、秘密というものが科学そのものの、そして科学が目指しているものの、当の根源を打ち壊すものだという事実に起因すると考えます。学ぶことはよいことであると信ずることなしに科学者となることはできません。みずからの知識を分け与えること、関心を持つ誰とでも自分の知識を共にすることが最高の価値あることだと信ずることなしに科学者となることはよいことでもなく、可能なことでもありません。世界についての知識と、これが与える力は人類にとって本質的な価値をもつこと、そして知識の普及を助けるために皆さんは科学を用いているのであり、その結果に対しては喜んで責任を負おうとしていること――これを信じない以上、科学者となることは不可能であります。こういうわけで、未来の科学をあたかもそれがなにか危険なもの、監視され管理されねばならぬものとして扱おうとする企てに対する、われわれの身辺いたるところで見聞するこの抵抗は、それが不便だからという理由でおこなわれているのではありません――われわれはどんな不便をも甘受しなければならない立場にある、と私は考えます。そうではなくて、この企てはわれわれが生きるために依存しているもの、また過去に生きることを学んだ際に依存したものと相容れないものに基礎をおいているからこそ、抵抗しているのです。

　こうしたことになるべく拘泥しないようにしている人びとがたくさんいます。この人たちは、「原子力の真の重要性は、いままで製造されてきた兵器にあるのではない。原子エネルギーや種々の放射線が人類にもたらす絶大な利益のなかにこそ真の重要性はあるのだ」といっています。そこには幾分かの真理があるといえましょう。私はそこに真理があると確信しますが、それは新分野が開拓されるにあたって最終的な成果が初めに読みとれたような例はいまだかつてなかったからであります。ところがまた、こうした事態の緊急性を無視しようとする人びともいます。彼らはどうせ戦争はいつだって非常に恐ろしいものだったとか、どうせ兵器はいつもどんどん悪くなっているものだとか、原子兵器だって新種の兵器にすぎないので大きな変化を引き起こすものではないとか、原子兵器はそうひどいものではない、爆撃は今次の戦争ではひどかったから原子兵器で戦争に変化が起こるものではない――それは爆撃の効果をちょっと高めただけだとか、ある種の防御法が見いだされるだろうとか、いろいろのことをいうのであります。危機の本質を薄め弱めようとするこのようないい方は事態をますます危険なものにするだけだと私は考えます。われわれとしては、われわれがきわめて重大な危機にあることを認めなければならない、われわれのつくりはじめているこれらの原子兵器が非常に恐るべきものであり、一つの変革を招来するものであること、それらはほんの少しの変形ではないということを認識し、それとともに、これらの兵器の発達を統制することを可能にするための変革の必要があると認めなければならない、と私は考えるのであります。

科学者として私たちは、科学研究の経験を持っているために、変化――それも根源的な変化――を受け入れることについて、おそらく常人よりも少しばかり大きな能力を持っていると私は考えます。そのことは、そしてその能力を日々用いているという事実は、これらの問題を理解するのに多少とも助けになるかもしれません。

戦争が変化したことは私にははっきりしています。もし初期の爆弾――長崎に落とされた爆弾――でさえ一〇平方マイル〔二六平方キロ〕を破壊できるのであれば、実にこれはただごとではないことは私にははっきりしています。誰であれこの爆弾をつくろうとするならば非常に安くできるようになりつつあることも、私にははっきりしています。一つの量的な変化――防御に対して侵略が、防御に対して攻撃が優位になってきているという変化――が質における変化、世界の本性の変化をもたらしていることは私にとって明白であります。私は戦争が耐えがたいものとなったことを知っています。だから、戦争を避けるような方法がはたしてなかったかどうかという問題が提起され、そして前の大戦の後よりもいっそう熱心に今次大戦の後には追求されることでしょう。しかし私は考えるのですが、原子爆弾の出現、原爆製造がやさしくなったこと、他国がつくろうと思えばつくれるということ、原爆の破壊力は増大していってすでに他の兵器とは比較にならぬほどの力をもっているということ——こうした事柄は一つの新しい局面をつくりだしている、それはきわめて新しいためにある種の危険を生んでいます。原子力開発がおこなわれる以前にもっていた協定が実現し希望が実現すると信じることにさえ、ある種の危険があると私は考えます。それはこういうことです。私は世界連邦の主張者、あるいは国際連合の擁護者の話を聞くのが大好きなのですけれども——彼らは永くこれらのことを語ってきておりますが——そして彼らが新しい論拠が生まれたというのを聞くのも大好きなのですが、彼らは多少大切な点を見落としています。というのは原子爆弾が世界連邦の新しい論拠とはならないと私は考えるのです。いままでにもこの種の論拠はいろいろありましたが、その要点は原子爆弾が一つの論拠、一つの新しい論拠、そして前提条件をつくりだす契機となるということです。人びとが原子爆弾は大きな危険であるばかりでなく、大きな希望であると語るときの意味はそこにあります。その希望とは、原子力の工業的科学的な価値、確実ではあるが未知の価値を指しているわけではないでしょう。原子力は脅威であり、危険であり、一定の特殊な性質――これについてはあとで述べます――をもっているものであるから、平和が必要ならその実現にむけた変化を原爆はもたらしうるのではないかという単純な事実を指しているのだと思います。

これらの変化はきわめて広範囲の影響力をもっています。それらは国家間の関係を、精神と法においてのみならず、考え方と感情においても変化させるものであります。私には、これらのいずれが先行するものであるかはわかりません。これらはすべて共に作用するものに相違なく、漸次的な相互作用のみが現実性をもつのです。国際法体系をつくりあげることがまず最初だという人たちには私は同意しません。友好的な感情さえあればいいという人たちにも私は同意しません。これらのことはすべていずれは必要となりましょうが、原子兵器は世界のすべての人に影響を及ぼす危険であり、その意味において、連合国にとってナチを破るということが共通の課題であったのと同じように、まったく共通の課題であるということが正しいと思うのです。この共通の課題を処理するためには、共同体としての完全な責任感がなければならないと思います。人びとが自らの能力を自覚しないうちは、問題の解決に寄与するのを期待できるとは思えません。それは、こうした共同責任の履行が決定的に重要な分野であると私は考えます。それは、世界各地における既得権益が他の分野ほど重大性をもたないような、新しい分野であります。それは、わが国における重大問題であって、われわれの当面する問題の一つであります。それは、科学の役割が実に大きいものであるために、科学の国際的伝統、科学者たちの友愛が建設的な役目を果たさないなどとは私にはどうしても思えないような、一つの新しい分野であります。それは、技術的操作の新奇性と特殊性とによって、新型の国際協力のための試験工場とみなしてもさしつかえないほどの利益共同体を打ち立てることができるようになる新しい分野であります。なぜこれを試験工場であるかといえば、原子兵器の管理がこのような操作の目的ではないことがまったく明白であるからです。唯一の本来の目的は、統一された世界、そして戦争の起こらない世界をつくることであるはずです。しかし、こうしたことは一朝一夕にできることではありません。この分野では、歴史上協同の努力の行く手に何回となく現れてきたあの克服しがたい障害に出会うこともなく、仕事を始めることができるかのように、また現に始めているように思われるかもしれません。しかし、これは容易なことではないのであって、私が論じたいと思う要点、私が切に強調したい一つの点は、巨大な精神的変化が必要だということであります。われわれが非常に貴重だと考えており、そしてそう考えることが私からみて当然と思われる事柄があります。多分民主主義という言葉が他のどの言葉にもましてこれらの事柄のある部分を表象しているといってもよいでしょう。世界には民主主義の存在してない多くの地域があります。われわれが貴重と考え、またそう考えるべきものは、ほかにもあります。そして私が国際問題における新しい精神について語るとき、私がいいたいのは、われわれが尊重するもののうちでも崇高なもの――そのためにアメリカ人は喜んで生命を捨ててきたし、きっと私たちの多くも喜んで生命を捨てるであろうところのもの――このような最も崇高なものよりもさらに崇高なものがあるということです。すなわち、あらゆるところにいる他の人間との連帯があることをわれわれが認識することです。このことが意味をなすためには、行動するしかありません。それは次の理由によるものです。すなわち、皆さんが「われわれは何が正しいか知っている。君たちがわれわれに同意するように説き伏せるために、われわれは原子爆弾を使おうと思う」といったとします。するとその場合、皆さんは非常に弱い立場に立つことになり、成功はしないでしょう。というのは、そのような条件のもとでは皆さんは人間の生存に対する責任を代表することに成功しないと思われるからです。このいい方はまったく一方的であります。これでは皆さんは災禍を防ごうとして武器の力を借りようとすることになりましょう。

私はこの問題と取り組まねばならぬ人びとに深甚の同情を表明し、皆さんがそのむずかしさを過小評価されないよう、声を大にしたいと思います。私は一つの類比について考えることができます。そして、それがぴったりとあてはまった類比でないことを望むのですが、それはこうです。十九世紀の前半の頃、地球上において人間奴隷以上に恥ずべき罪悪はなく、その根絶以上に自分たちの生命を欣《よろこ》んで捧《ささ》げられるものは何ものもない、と考えていた人びとがおもに北部〔米国北部を指す〕にたくさんいましたし、南部にもいくらかはいました。幼かった頃、よく私は不思議がったものです。リンカーンは戦争が始まったとき、南部に対する戦争が奴隷制廃止のための戦いであることをなぜ宣言しなかったのか、これがこの戦争の中心点であり集中点であることをなぜ宣言しなかったのか、と。リンカーンは皆さんがご承知のような多くの奴隷制廃止論者によって、また当時急進派と呼ばれた多くの人びとによって、きびしく批判されました。それは彼が最も重要な核心を衝かない戦争をしているように思われたからです。しかしリンカーンはつぎのことを理解していました。私は最近数カ月、やっとそのことの奥深さと賢明さを味わうようになったのです。それは奴隷制の問題以上に、国民の共同体の問題、統一連邦の問題があったということであります。私は、今日ではこんな問題が戦争を必要とする問題点とはならないことを希望します。リンカーンは統一連邦を保持するために、奴隷制の廃絶というさし迫った問題を、統一された人民のなかでの、奴隷制廃絶のための思想のたたかいに従属させました――リンカーンは思想のたたかいを信頼したということを皆さんに想い起こしていただきたかったのです。

　以上はいささか一般的な所見ですから、もう少し具体的な、比較的手をつけやすいことを述べるほうが適切かもしれません。諸国家間にあっては、どんな種類の協定が合理的な出発点となるでしょうか。私はこれに対する答えを知りませんし、これにはどのような先験的な答えも与えらるべきではないのであって、絶えず骨折って工夫していくべき種類のものであると確信します。しかし、合理的な具体性をもった提案をすることは一向差支えないと思います。さらに一歩を進めて、科学者その他の人びとを悩ましている秘密という大問題に類する問題についてさえも、これすら一国だけの判断ですましうる問題ではない、ということをいいたいのです。もし原子力が国際問題として取り扱われるべきものであるならば――私はそれは当然であると思うのですが――、もしそれが国際間の責任と国際間の共同の関心にもとづいて取り扱われるべきものであるならば、秘密の問題もまた国際問題なのであります。だからといって、現在の機密事項の指定や、多くの場合どうしてもばかげたことになる現在の手続きを継続していてはいけないというのではありません。この危険をどう処理するかということに関する基本的な問題が、合衆国によって、もしくはイギリスと合衆国によって一方的に処理されるべきではない、ということをいいたいのであります。

どのような提案であれ、それについて私が第一にいいたいことは、それらが仮提案とみなされるべきこと、そして提案がなされた場合には、一、二年の適当と思われる期間内に再検討され、問題の発生と新しい発展によって書き直しが必要となることが了解され、同意されるべきであることであります。唯一の要点は、これらの提案のなかには正しい方向にはたらくと思われるいくつかの事項が含まれていること、またわれわれの知るところでは、結局は生ずるに相違ないあらゆる変化を、受入用意のない人びとに強制することなく受け入れさせるようにすべきであるということだと思います。これは誰にもよくわからないことですが、つぎの四つの点を取り上げればうまくいくように思われます。その第一は、われわれが扱っているのは仮りの解決策であると認めることです。第二は、その協定に参加する国々が合同原子力委員会を持つことであります。この委員会は、それぞれの国の最も幅のひろい指示のもとに運営されるのでありますが、一方また、われわれすべてが発展されるのを期待している原子力の建設的応用——動力源と近々実現されるであろう無数の研究手段——にむけて、委員会だけにあって、国の首脳の審査権には属さない権力を保有するのです。第三には、科学者と研究生の交換は、単に可能性だけにとどまってはならない、ということであります。多かれ少なかれこのような交換を強制するきわめて具体的な組織がつくられるべきです。そうすれば、科学者たちの友愛が強化されるでしょうし、未来の命運がかけられている共同のきずなはそれなりに増強され、ある影響を持つであろうことを、われわれは確信できます。そして第四には、爆弾はつくられてはならぬということを申し上げたい。これらの提案がよいものであるかどうか、私は知りません。そして本席のどなたも自分の提案をお持ちのことと思います。しかし私は、以上の提案をごく単純な事柄として申し述べているのであって、それで問題が解決されるとは信じていません。それが究極的な解決策のひとかけらですらないとも思っていますが、しかし私はそれがいますぐに手をつけはじめるべきものであると考えますし、またこれは——私はこういったことにはほとんど無知ですが——この偉大な事業の協力者となることを希望するどんな国にもうまく受け入れられると信じます。

　皆さんがもっと聞きたいであろう問題の一つは——そして私としては、それにうまく答えることはほとんどできないのではないかと思いますが——、科学の生命が脅かされており世界の生命が脅かされているという見解が、どの程度まで支持されているかという問題です。そして闘い甲斐があり生き甲斐があるものを成り立たせているものは何かについて深刻に捉え直すことによって初めて、この危機に対抗することができるとする見解、これらの見解がはたしてどの程度まで他の人びとによって抱かれているかです。これらの見解は、確かに科学者全般から支持されてはいません。しかしこれらの見解をもつ科学者は、この集まりで述べられた意見のすべてに同意すると私は思います。そしてここにいる私の友人の多くが一致した意見を持っていることを私は知っています。特にボーア[*1]〔ニールス・ボーア〕についてお話ししましょう。彼は困難な時期に多く当地にあり、私たちとしきりに討論をおこない、単に可能な解決であるだけではなく、唯一無二の解決策の誕生に助力してくれました。

　さて、科学者の間には、ある種の身勝手な傾向があり、これは非常に危険であるとまではいかなくても、いささか危険に思われます。その傾向の一つは、科学の機能そのものが脅かされている危険に直面したこの世界において、科学の存続のために便宜的なとり決めをしながら、科学を科学たらしめる前提条件にほとんど注意を払うまいとする傾向であります。もう一つは「われわれは自由な科学、強力な科学をもたねばならぬ。そうすれば強力な国をつくり、有利な戦争ができるからだ」と口にする傾向です。これは徹底的な誤りであると私には思えますし、私はこんな言葉を聞きたくありません。第三は、少々奇妙ですが「原爆は警察的目的のために国連に渡してしまえ、そしてわれわれは物理学と化学へもどろうではないか」と述べる傾向です。これらのうちのどれもが非常に広く支持されているとは思いませんが、しかしこれらは、私が最も困難な課題と考えているものに向き合わず必死になって避けようと試みている人びとがいることを示すものです。こうした誤った解決、安易にすぎる解決、そしてこれら三つのものが時折ひょいと頭をもたげることに、注意を払わねばなりません。

私がお話しできるかぎりでは、外部の世界にも、事態の重大性をみてとり、私が輪廓づけようとしたのとあまり変らない言葉でそれを理解する慧眼《けいがん》の士がたくさんいます。賢明な人間と愚かな人間がいるのは、科学者の間だけにかぎりません。私はここ二、三カ月の間に、立法各部、行政各部、さらに司法各部を含む政府と関係ある人びとと会う機会がありました。そしてこの問題がどのようなものであるかについて、またこれを解決できる一般方針について、きわめて明確な理解を持っている多くの人びとを見いだしました。私は特にスティムソン[*2]〔ヘンリー・ルイス・スティムソン〕氏を挙げたいと思います。氏は他のどんな人にも劣らず、この問題にいい加減なやり方で取り組むことが、望みのない、非実際的なことであるかを洞察していたようでした。

原子兵器に対する氏の献身は、陸軍省は戦争の遂行のために特別の機能をもっていると多くの人が理解しているという希望に基づいていたのです。ところが陸軍長官にはもっと他の役目があったのです。

つぎに述べることも重要な問題だと思います。すなわちそれは、これらのことについて他の諸国ではどんな見解が持たれるであろうか、ということであります。わが国において情報に明るい人びとですら、原爆の実現をなかなか理解しようとせず、信じようとしませんでした。その結果原爆のはたらきがかくも深刻な問題を提起することに気づくのが遅れたことに注目しなければなりません。私たちは原爆を大いに宣伝すべきものと考えていますが、これはここにいる私たちに限らず、国中すべての人がそうであります。これをつくったのはわれわれであり、誇るべきものなのです。他の国々では把握すべき事柄の大きさを評価することがむずかしいので事態の克服はもっと困難だとさえいえます。こうした理由から進歩がかちとられる最大の機会は、私が永い間考えていた時期よりももっと遠い将来になる可能性を否定しきれません。

これまで大統領による二、三の公式声明がありましたが、これらはある程度の矛盾をもたざるをえなかったにしても、政府の公式の政策をできるだけ明確にしたものでした。そして皆さんは、矛盾があるという事実によって失望してしまうようなことがあってはならぬ、と私は思います。なぜならこの矛盾は、問題が難問であることが理解されつつあり、さしあたり解決不能のものとみなされつつあることを示しているのです。きっと皆さんは、とりわけ議会への教書のなかに、本席の方々が抱いており、私が今晩手短かに論じた見解に対する同感と理解とが示されている多くの証しを認められるでしょう。「古い思想の枠内で考察するにはあまりに革命的な」という一句に、私たちはみな元気づけられたと私は思います。これは私たちみなが考えていることでありま す。私たちはみな、繰り返し力強く強調された切迫感によって鼓舞されたのだと私は考えます。世界のあらゆる国々相互間の、科学思想と科学情報の自由な交換の重要性——決定的な重要性——の承認、政府によるそれの公式の承認によって、われわれすべてが元気づけられたにちがいないと思います。これを最終目的とみなすのはおそらくばかげたことでしょうが、これが前提条件であることを認めないのもまた、非常に危険なことではなかろうかと思います。私自身としては、目標が原子兵器の排除に限定されたために、いささか失望させられました。そしてつぎのように解釈される多くの記事を私は見てきました——多分皆さんも見てきたことでしょう。すなわち「国際協定によって原子兵器を違法としよう。そして元どおりの良いきれいな戦争をやれるようにしようではないか」というものです。これは問題を考える上でよいやり方でないことは確かです。繰り返し述べますが、原子爆弾によって提起された問題を解決しようとするならば、戦争をなくすための試験工場をまずつくっておくことになるのです。

ところが、公式声明のなかには、皆さんを当惑させたに相違なく、また私を当惑させたものが確かにある。それは原子兵器の取扱いについて一方的にわが国の責務を強調するような調子があったことです。わが国の動機がどのように立派であろうと——私は大統領が動機や目的が何であるかについて述べていることを論じようというのではありません——われわれは一億四〇〇〇万の国民であり、地球上には二〇億の人びとが生きているのです。われわれがみずからの見解や思想に思いをこめていようと、またその見解や思想が時とともに勝を占めるようになるだろうことをいかに確信していようと、われわれ自身の見解や思想を絶対に——申し分なく絶対に信奉しても、他国民の見解や思想を否定しては、いかなる種類の協定の基礎ともなりえないことを、われわれは理解しなければなりません。

すでに述べたように、私は永い間極度の緊迫感をいだいていましたが、それは正しかったと思います。はっきりと政策を表明し、その政策の第一歩を明らかにすべきであると思われた一時期が、最初に原爆が使用された直後にありました。そして何かが失われたかもしれず、その損失は悲劇であろうと認めないわけにはいかないのです。この現実の世界に生きる人びとのことを考えたら、これが一体どんなことかを理解するのに時間がかかったこと、これからもっと永い時間がかかるかもしれないことは明らかだと私は考えます。そして前に述べたとおり、他の国での方がわが国におけるよりも永くかかるようなことはないだろうということも確信できません。現在われわれの唯一の方途は、解決を実行できるようにし、しかも手遅れにならないように実行する、そのための深い理解を実現するためにわれわれは何ができるかを考えてみることです。

海軍記念日〔一九四五年一〇月二七日〕の大統領演説に示された見解は、十分に人を勇気づけるものではないと考えられるかもしれません。しかし、われわれよりも政治家としての実際的手腕に秀でた多くの人びとが、ありきたりの対策に対してよりも、一見夢想的に見える急進的見解に対して、多くの希望を寄せてきたことは、心強いことであります。

これ以上申し上げることはそれほどありませんが、科学者が銘記しておくべきだと思われることが二、三あります。皆さんに想起していただく必要があるとは思いませんが、ともかくお話ししましょう。その一つは、科学者は何らかの方法で技術的情報を与えるよう要求されることがしばしばありますが、その際、人は誠実であろうといくら気をつかっても気をつかいすぎることはないということです。そしてそれが非常にむずかしいのは、人が嘘をつくからではなくて、誤解させないような答えを出すのをきわめて困難にするような形で質問が出されることがあるからです。真理に忠実であるという点で、そして真実と真実であってほしいと思うものを区別するという点で、われわれの伝統となっている細心さを最大限に維持しないかぎり、われわれは実に弱い立場に置かれることになるだろうと私は思います。

お話しするのが当然だと考える第二の点は、私たちと他の国々の科学者との間の友愛は将来最もたのもしいものの一つとなりうることが、いたるところで感じられることです。とはいえ、国内においてすら、科学者である私たちすべてがかならずしも同意見でないことは明らかです。そのことには別に有害なことはありません。そのような不一致は健全なことです。しかしそれを理由にして友愛の意識を失ってはなりません。同僚の科学者への基本的な信頼を失ってはなりません。

もしもわれわれが、科学の価値に対する信念――現実や本性について知ること、自然に対する統御を漸次大きくしていくこと、学び、教え、理解することが、世界に恵みをもたらすという信念——を放棄するならば、絶望であると私は思います。もし私たちがこれに対する信念をなくしたならば、私たちは科学者であることをやめ、私たちの遺産を売り渡し、この危機の時代に私たちがもっている貴重なものの大半を失うことになります。

　さらにもう一つのことがあります。すなわち、私たちは科学者であるばかりでなく、人間でもあるということです。私たちは、同胞である人間に依存していることを忘れることはできません。単に物質的な依存だけをいうのではありません。物質的な依存がなくてはいかなる科学も可能ではなく、これなくしては私たちは働くことができないでしょうけれども、私は、深い、道徳的な依存をも指しているのです。科学の価値は人間の世界にこそ存在すべきであり、私たちはすべてこの世界に根ざすのです。この根は世界における最も強靭《きょうじん》なきずなであり、私たちを互いに結びつけているものと比べてさえ、一段と強いのです。これは最も深いきずな——私たちを同胞である人間に結びつけるものであります。

＊1　N・ボーア（Niels Bohr 1885－1962）デンマークの物理学者。一九一六年コペンハーゲン大学教授となったが、同大学付属研究所には世界各国の少壮研究者が集まり、原子物理

学者のメッカとなった。一九二二年にはノーベル物理学賞をうけた。一九三九年一月にプリンストン高等研究所で数カ月をおくり、その直前にO・R・フリッシュとL・マイトナーの立てた仮説、いわゆるウラニウム核の核分裂現象について、E・フェルミなどと語りあった。その後、ヨーロッパは戦乱の地と化し、一九四三年、ボーアはナチ占領下のデンマークから、小舟でイギリスに脱出し、やがてロス・アラモスの事業に協力したのである。戦後、コペンハーゲンに帰った。

*2 H・スティムソン（Henry Louis Stimson 1867－1950）フーヴァー大統領の下に国務長官となり、一九四〇年ローズヴェルト大統領の下に陸軍長官となり、トルーマンになってからも一九四五年まで在任した。

核爆発

本講演は一九四六年五月一六日、ペンシルヴァニア州ピッツバーグで、ジョージ・ウェスティングハウス生誕百年記念討論会の席上で講演されたものである。

この講演は、核爆発の将来についての短い報告となるはずであります。非常に不完全な、非常に一面的な話にならざるをえないでしょうけれども、私が議論できる部分はとくに面白いものではないにせよ、すくなくともきわめて重要なものであるという点について、同意をしていただきたいと思います。

私は、この講演のための自分の覚書を見ていたのですが、そのとき一つの話を思い出しました。それはごく古い話で、大して面白くはありませんが、適切であります。ミュンヘン大学に動物学の教授がおりました。彼は学位試験のとき、きまってみみず類のことを尋ねるのです。そこで、とうとう受験者はみみず以外のことを勉強しなくなりました。ところである日、教授はこういって学生を面くらわせました。「象について述べてみたまえ」。すると受験生は答えたのです。「象は大きな動物であります。みみずのような鼻があります。みみずはつぎのように分類されます……」。今晩の私の話は、こういった具合のものになるでしょう。

私は、核爆発が将来どんな技術的発展をたどるものであるかということを皆さんにお話しすることはできません。戦争がすんだとき、われわれは単にこの問題のうわっつらを撫《な》でたにすぎなかったことを認識しました。それ以来、開発の面でも、理論の面でも進歩があったことは疑いを容れません。しかしそれらのことはここではお話しできない事柄です。いやしくもそのような事柄が公然と話せることになれば、世界は大変違ったものになるでしょうし、私の考え方からすれば、もっとずっとよい世界になるでしょう。

　核爆発の用途についていえば都市の戦略爆撃で、これは最も広く論議されてきたものであり、その卓越性が最初に確認されて最も明白となっているものであります。同様の重要な戦術的用途があることもまた疑いのないところです。私は、原爆を艦船に対して使用できるかどうかという討論を耳にしたことさえありますが、それらのことについては無知で無経験であり、かたがた機密の必要ということもありますので、お話しすることをさし控えねばなりません。核爆発の有益な利用の可能性について、少しは話があったこともあります。例えば、極地の氷の爆破とか、竜巻や地震や噴火のような、自然現象の統御の可能性とかについて。これらの漠然とした提案にもっともらしい外観を与えるに十分なエネルギーが、核爆発にはあります。いままでに用いられた原子爆弾でさえ、サンフランシスコの地震〔一九〇六年〕のエネルギーの約一〇〇〇分の一を放出するのです。しかし、核爆発によってつくり出される力が、地震や竜巻などの自然現象に含まれている力とはまったく別種のものであることは、いうまでもありません。そして大きな核爆発にかならず付随する放射線と放射能とは、平和的目的への核爆発の応用を、すくなくとも複雑にせずにはおきません。そもそも原子力の利点という場合、これらの応用は人びとが心のなかに考えていることと比べると、ごくちっぽけなものにすぎず、他にもっとあるだろうと私は考えます。

核爆発の今後について、私が多少とも心にかけていることは唯一つ、それを戦争に使ってはならぬ、ということであります。近年われわれが経験したような大きな全体戦争が起こったとすれば、原爆が使われることは絶対間違いありません。このような戦争を二度と繰り返してはならぬというのは、かけがえのない将来へむけた希望であります。本席で私は、この希望の実現にかかわりのある若干の問題についてお話ししたい。これは慎重に研究する値打があり、現代の最もすぐれた思想に関与すると私には思われます。

数カ月前、私は国務長官所属の原子力委員会顧問団と協力する特権を与えられました。私たちは、何週間にもわたって、「原子力の国際管理」という一種の符号として定義されている、この問題を研究しました。これがなぜ符号であるかといえば、ほんとうの問題は戦争の防止にあるからです。そこで私たちの得た結論は、秘密事項すなわち秘密指定事項をすべて削除した上で公表されており、何らかの形で皆さんの注意を惹いたかもしれません。[*1]これらが公表されたのは、公衆による理解と討論を容易にするためでありました。この討論というのが、問題のむずかしさゆえにいっそう必要なものとなっているのですが、技術的要素の多くについて現在にいたるまで秘密が守られてきているために、いっそうむずかしくなっているのであります。私の今日の願いは、公表された報告を補足するに役立つような解説を少々つけ加えることであり、また、報告では明白に述べてなかった事柄のいくつかを明らかにし、報告発表の際の偶発事件のためにおそらく多少失われたかに思われる軽重のバランスを取りもどすということであります。

　私たちの提案の核心は、国際原子力開発機関についての勧告でした。この機関は、原子力の平和利用の研究、開発および実現、ならびに国家軍備からの原子兵器の除去を委託され、さらに、原子兵器除去の目的に副った研究・調査・管理を委託されるものです。この提案のなかで、私たちは二つの事項と取り組み、そしてそれらを具体的に表現しようとつとめました。この事項というのは、いずれも久しく認められており、問題の解決不能の原因とはなっていないにしても、その困難さの原因となっていると一般に認められています。

　第一の事項とは、原子力のいわゆる平和利用にともなう科学・技術・産業開発が、原子兵器の製造にともなう科学・技術・産業開発と切り離せないほど絡み合って現われる、ということであります。皆さんは本日午後、原子力のいわゆる平和利用についての報告を聞かれることでしょう。それらの報告は、答えの形でなく問いの形をしていますが、それには二つの理由があります。まず第一に、これらの用途の一つは動力ですが、これはまだ十分な効果をあげていない事柄です。このような動力が経済的にどの程度まで採算がとれるか、誰にもわかっていません。技術問題が動力としての原子力開発をどの程度おくらせたり複雑にするものか、誰にもわかっていません。この点では私たちも、着手はしていますが解答はまだ得ていません。熟した実のついた樹があって、ゆすぶれば実が落ちてくる、というものではありません。もう一つの用途は、要するに研究のための利用です。そしてこれは研究の性質というものでしょうが、二五セント貨を払ってなかに入るには入ったが、何を見ることになるのかさっぱりわからない、といったところがあります。ですから、「平和利用」について語る場合に、私は「平和利用」の正体を的確にはつかめないけれども、私もまた、アメリカ人の間に普及している信念、すなわちこの種の開発が知性と才能にめぐまれた人びとの手でおこなわれれば結構なことになるだろうという信念を共にする一人である、ということをはっきりさせておきたいと思います。こうしたことが始まっていることの説明を、皆さんは本日聞かれるわけであります。

ところで、私が立ち入って述べなければならぬことが一つある。それは、同じ原料物質であるウラニウムが、原子力を動力用として利用するにも原爆製造に利用するにも必要とされる、ということです。原子力計画に従事する工場は、爆弾の材料を生産するのに申し分なく適しているとはいえないかもしれませんが、しかし緊急の際には――しかも戦争は緊急に発生します――それらの工場は原爆製造用に転換することができます。ウラニウムとトリウムからつくり出された種々の分裂性物質は、動力計画、さらにひいては研究用原子炉および科学、医学、実用技術の用に供される原子力の使用において、実に決定的な役割を演ずるのでありますが、これらの分裂性物質は、原子爆弾に変っており、あるいは多少手を加えることによって、変えることができるのであります。一方分野で学ばれ、研究され、発展させられねばならぬ同じ物理学が、もう一方の分野にも役立つことになります――もちろん、爆弾製造の比較的高度の技術のなかには、いままでのところ他に応用のできそうにないものが若干はありますけれども。ところで、動力用あるいは研究用原子炉に役立つ分裂性物質の諸性質が、爆弾用として役立つ諸性質とまったく同じものでないことは事実です。天然ウラニウムは動力工場で使用することができますけれども、これから原爆ができるとは思えません。同位元素二三五をかなり濃縮したウラニウムは、もっと自由に、もっと効果的に原子炉で使用することができます。けれども、それで原爆ができるという確信はありませんし、それを試みたとしても骨折り損になるだろうということは、かなりはっきりいえます。プルトニウムでさえ変化させることができます。もっともそれを完全に非爆発的なものにしようとすると、法外な費用をかけなければなりませんが、他と比べて大変効力の弱い爆発物にすることはできます。しかもそれは現在の技術水準では使用困難な爆発物なのであります。技術は変化するものであり、そのような変化を考慮に入れていない管理が、およそ何の価値もないことはいうまでもありません。管理機関は、そのような変化を予想することができるばかりではなく、どっちみち多分予想するようになるでしょう。原子エネルギーを管理状態で利用するか爆発状態で利用するかの違いは、もし法律上適切に表現されるならば、一団の人びとに平和産業の原料から原子兵器をつくらせないようにすることもできましょう。この違いは原子力利用から締め出されている国々を立ちおくれさせ、ひいては失望させることにもなりかねませんが、問題はここにあるのではありません。というのは、このような利用に積極的にたずさわる人びとにエネルギー利用形態の峻別が与える制止はまことに微弱なもので、やすやすと最も危険な幻想をつくりあげてしまうからであります。こんなわけで、原子力の分野における諸国民の活動に禁制を加えるならば——その禁制が、もし強行されれば原子力による武装への急速な転換を妨げるものであったら——それは同時に他の有益な原子力利用も締め出してしまうようになるでしょう。技術がますます発展しても消えさりそうにも思えないこの事実は、国際管理途上におけるほとんど決定的な難点として久しく認められてきたものであります。もしそれよりももっと大きな難点が現われなかったならば、われわれもそう思ったかもしれません。というのは、もし平和のための原子力開発が戦争のための開発と明白に区別できるものであったとしても、さらに、たとい関心や努力を払うに値いする原子力の平和利用などは存在しないことがあまねく認められたとしても、原子兵器による軍備の国家的開発の禁制を効果的におこなう機関が今日世界に存在していないのは事実なのです。この事実は、問題の核心に触れていると私は思うのですが、この事実に徴してみると、原子力の平和利用と軍事的利用とが密接に技術的に並存し関連し合っているということは、難点ではなくなり、むしろ頼みの綱となってきます。だからといって、それが解決を請け合ってくれたことにならないのは不幸なことです。しかしそれは、もしそうでなかった場合には存在しなかったろうと思われる健全な解決策を求める基礎を用意してくれるということにはなります。

もし原爆をつくること以外に原子力の扱いようがなかったとするならば、諸国家に原爆製造禁止の協約はできたかもしれません。しかし、そのような協約が過去において、戦争を準備している諸国家間の対立の緊張に堪えて機能したことはめったにありませんでしたし、また、特に奇襲に際してかくもめざましい効果を発揮する兵器ともなれば、将来においてもおそらく機能するとは思えないのです。このような理由から、ある種の国際的行動によって国際協約を補強しようとする二つの提案が久しく唱えられております。その第一は、多数国家よりなる国際査察機構を樹立しようとするもので、その機能は、協約が事実上確実に遵守されるようにすることに尽きます。もし協約が十分徹底的なもので、例えばウラニウムの採鉱と精錬を一切禁止することを含むようなものであるならば、そのような査察が有効となるかもしれないことは想像できます。しかしそうなった場合でも、私はどうかと思います。そうなったとしても、そのような査察を委任された機関が、これほどの味気ない、やり甲斐のない、警察官のような仕事をなしとげる気になるものかどうか、またそれをなしとげるための人員や熟練や経験や知識や忍耐を持てるものかどうか、ということが疑われるのであります。この機関と、機関が指令を受けて査察することになる諸国家・諸国民との間の関係が、好戦的な国家主義の力を弱めたり、国家相互間の信頼を鼓舞したり、世界統一運動を前進させたり、同程度に恐ろしく、もっと恐ろしい大量破壊兵器を排除するための原型として役立つのかどうかが疑われるのであります。したがって、原子力の持つ可能性を探求する機会を永い期間にわたって世界中で禁止することができないということから、右に述べたような国際的行動を残念ながらやめてしまうことになると思います。なぜなら、いったん諸国家がそのような探求を許されれば、国際査察機構は唯一の保障手段であるのに、技術上の複雑さと人材の払底とから事態が手に負えなくなることは明白だからであります。

　諸国が原子兵器による軍備を放棄することを推進するための国際的行動を主張する第二の提案は、もっと積極的な性質を持っています。それは、国際原子兵器機関が原子兵器の製造および所有を委託されるべきだというのであります。この提案には、人目を惹きそうな点がたくさんあったのですが、二つの弱点があり、その弱点はおそらく致命的なものであります。二つのうちでより重大な弱点は、国際機関はこの種の兵器を使用できない、あるいは使用すべきでない、ということです。原子兵器は警察用兵器ではありません。原子兵器は、罪なき者と罪ある者とを区別すること、あるいはまた、個人の罪と国民の罪の区別を大まかになりと考慮に入れることには、いちじるしく不向きです。この兵器自体が、全体戦争という概念を武器の形で最高度に表現しているのです。第二の弱点は、ある意味ではどのような国際的行動にも避けがたいものではありながら、しかもこの場合には絶望的なほど深刻なものでありますが、それは、原子兵器が国際機関に貯蔵されたとき、それは国際所有に属するといかに真剣に宣言されようとも、あるいはその貯蔵がいかに巧妙に地球上に配置されようとも、それを使用すればいちはやく軍事的優位が得られるのを目指して、その貯蔵を一国で占有しようとする恐ろしい誘惑を生ずるであろう、ということであります。

　この二つの例は、原子兵器を法的に認めない制度を採用するには、かならず国際的行動が必要だということを認識させるものであります。この点でこの二例は適切だと私は思います。事実、別のいい方でいえば、原子兵器の研究――製造ではない――と、ウラニウムの不法な採掘を防ぐ査察、この二つは国際機関になくてはならぬ機能であるように思われます。

　つぎに、そもそもの初めから有効な原子力国際管理を阻害するものとみなされてきた大きな難点のうちの第二の事項に移ることにしましょう。すでに言及しましたが、第二の事項というのは、今日の世界には、このような管理を実行するだけの力を持った機関も、このような機関のための先例も、さらに過去の雛型《ひながた》でさえも、まったく欠けている、ということであります。まさにこれこそが、なぜこの問題がごうごうたる論議の的となっているかということの理由であり、また、この問題を解決すれば、いっそう広範な適用のための先例、模範ができるであろうという希望をわれわれがもっている理由なのであります。戦争を起こし、戦争を恐ろしいものにし、戦争を全体戦争にするには、なにも原子兵器を必要としませんでした。原子爆弾というものがかつて存在せず、また現に存在していないとしても、科学と技術によって戦争があまりにも破壊的となり、耐えがたいほど恐ろしいものとなった時代となれば、戦争防止の問題はやはりわれわれについてまわることでしょう。大型高性能爆弾や、ロケットや、V2号や、焼夷弾や、M67などがあって、それらがもっと増えていくことでしょう。きっと生物兵器戦争があるでしょう。あるでしょうし、現にあるのです。しかし、実験された兵器のうちで最もすばらしく、製作技術の発展と最も緊密にからみ合い、個人の権利や既得権益や古い国家的伝統に束縛されることの最も少ないところの原子爆弾は、右に述べた、またそれ以外の理由からも、まさに出発点となるのであります。

というのは、この分野では、深い意味において、技術世界の現実と人間世界の現実とに合致し、またこの両者に基礎をおく管理制度を設ける可能性があるからであります。この分野には、実行に移すことのできる解決策があるのです。

多くの人びとが、世界政府がなければ恒久平和はありえない、平和がなければ原子戦争があるだろう、といっています。これに同意しなければならぬと私は思います。多くの人びとが、合衆国連邦法が各州の市民に適用されるように国際法が各国の市民に適用されるようにならないかぎり、原子兵器の非合法化と戦争防止はありえない、といっています。これにも同意しなければならぬと私は思います。また多くの人びとは、国際管理が絶対的国家主権と両立しないという事実を明らかにしてもいます。これには同意しなければならぬと私は思います。多くの人びとは、ちょうど国連安全保障理事会が多くの動議で停止させられたように、管理機関が拒否権によって停止させられうるとするならば、原子力は到底管理することはできまい、といっております。これにも同意しなければならぬと私は思います。世界政府とか、国家主権の適当な委任とか、すべての国々の個人に適用しうる法律とかが望ましいと主張する人びとに異論を唱えることは最もむずかしいことのように思えますが、しかしこれらの事柄を全体にわたって、しかも最大限必要な規模ですぐにも実現できると主張する人びとに同意することは、私にはむしろむずかしいことです。

原子力の広範な独占を委ねられた国際原子力開発機関についての提案——われわれのこの提案は、いままで述べてきた問題とどのような関係を持つでしょうか？　この提案の内容は、原子力の分野に世界政府が創設されるべきこと、この分野では国家主権が放棄されるべきこと、この分野では法的に拒否権が認められないこと、この分野には国際法が存すべきこと、であります。主権国家から成る世界において、どうしたらこれは可能でしょうか？　これが可能になりうる途は二つしかありません。その一つは、主権を破壊する征服であり、他は主権の部分的放棄であります。ここで提案されているものは、原子力開発機関が生まれ出て、開発、利用および管理の機能を遂行し、生存し成長することができ、原子兵器の使用に対して世界を守り、世界に原子力の恩恵を供与するに十分な、しかも十分という程度をこえない、そのような部分的放棄なのであります。

ほかに何ごとが起ころうと、原子力管理についての論議は、その目的で設けられた国連委員会でおこなわれることになりましょう。そして、それはさほど遠い将来のことではありますまい。もしもこれらの論議が国際管理機関の提案と、この機関のための憲章という結果となって現われたとすれば、この提案とこの憲章は、結局のところ数カ国の批准を受けるために提出されることになりましょう。それぞれの国は、その大小を問わずこのような批准を拒否するために主権を行使することができます。もしこうした事態が起これば、原子力開発機関は成立しなくなり、私の意見によれば、信頼するに足る効果的な原子力国際管理はおそらくおこなわれないでしょう。原子力開発機関の創設後、一国家がその主権を行使してそれから脱退し、あるいは機関に対して、憲章のなかで容認された主要な条件の履行を怠るようなことがあれば、その場合も原子力開発機関は存在しないことになるでしょう。国連安全保障理事会と違って、原子力開発機関はその主要な条項に対して拒否権が行使されたら、その後も存続することはおそらくできないでしょう。しかし、機関が実現して存続するかぎりは、それは原子力の分野で、広くその必要を承認されている国際主権をつくり出すことになるでしょう。

　憲章のそのような条件のもとでは、国際的な事業は多分存続できまい、という人があるかと思います。しかし、条件そのものが事業からの影響を受けずにはいないでしょう。事業が生まれれば、習得したことを繰り返し、一つの分野で負わされた責任を他の分野にも拡大していけるでしょう。もしこういうことになるとすれば、開発機関は健全に運営され、繁栄し、技術的に強力となり、人類に役立つものとなり、そこに人材と組織をもつことができ、誇らしい生き方をもつことになるでしょう。もしも原子力を扱うことに何の値打もなかったとしたら、このことは可能とはならないでしょう。しかし、もしも原子兵器による軍備を防止することがその唯一の関心事であり、非軍事的なすべての活動が原子兵器製造から技術的に切り離しうるものであり、切り離された結果、非軍事的活動が各国家の手中に残されるようなことになったとすれば、開発機関は可能とはならないでしょう。国家主権と国際主権とを調和させる途を見いだすための長期間の苦闘のなかでは、原子力の平和利用のみが頼みの綱となりうるのであります。もし各州が安全に、効果的に実行できないような機能が国民にとって重要であるならば、合衆国連邦政府ができていたかどうかは、おそらくあやしいものでしょう。

　国務省顧問団は、原子力開発機関に対して、人びとの注意を惹きつけ、人びとを結集させ鼓舞することのできるような仕事を割りふることが緊急に必要であることを悟っていました。あまりに完全で、あまりに絶対的な独占に危険がともなうことも、同じように悟っていました。この危険には、二種類あります。一方では、批判を受けつけない独占体はややもすれば育ちがわるい、活気がない、とどのつまりは官僚主義的な性格に陥りやすいということであり、他方では、もし皆さんがこのような機関の諸活動と、その機関の外部で国家的あるいは私的な機関にいて働いている科学者・技師・実業家の諸活動との間に、生き生きとした適法な接触をつくらないならば、その場合皆さんは、多くの重要な点で失敗をしていないという確信の持ちようがない、ということであります。度をすぎた絶対的独占は、その事業体の健全さにとっても、この種の機関が保持しなければならぬ監督活動にとっても、危険なものとなるでしょう。

　このようなわけで、原子力の分野には、それ自体の性質に依存し、あるいは管理し検査し監督することが容易に確実にできるという理由によって、原子兵器の開発にこっそりと転換することのできない多くの仕事があると指摘することが大切だと、私たちは気づきました。この種の仕事の一例としては、トレーサーを用いる分野全体があります。原子炉を研究用に使用する方面があります。前の例に比して多少限界はありますが、爆発性物質を燃焼はさせるがつくり出さない原子炉も、その一例であります。この場合、この爆発性物質が爆発物に使用される工程を煩瑣《はんさ》にし遅延させるために、できるだけ最善の手段が講じられてきましたので、一時間あるいは一と月ぐらいのうちに、または激怒した人びとの手で、爆薬への転用はできないようになっています。重要なのは、皆さんが例えば合衆国政府や合衆国の会社や大学の手にゆだねておいてもさしつかえない安全な仕事がいろいろある、ということです。そんなわけで、開発機関と前述のもっと民間的な機関との間には、良好な技術上の連絡ができるようになるでしょう。こうすれば、一方では独占に伴う官僚主義を是正することにもなり、また他方では、国際機関に対して、機関みずからがたまたま手がけないできた分野に起こる発展をたえず知っているある種の方法を与えることにもなりましょう。

もしも私のこの短い講演に多少とも自信や派手さがあったのでしたら、それは私が皆さんに話したいと思った気持をゆがめるものでしょう。およそ思慮深い人であれば、世界が再び戦争によって、全体戦争によって荒廃させられるようなことはあるまいと心底から思い込んで将来を眺めてはいられないのです。全体戦争となれば、原子兵器はわれわれのこの西欧文明を徹底的に破壊し滅亡するためにひと役を買うことになります。私自身の考えによりますと、原子兵器の発展は、もしこれを賢明に処理するならば、原子兵器がなかった場合に比べて、戦争防止の問題を絶望的にするものではなく、むしろ有望にするものである、それはそのためにわれわれの希望の切実さが強められたからというだけではなくして、そのために新しい健全な対策の大道が開けるからであります。これらの大道を切り拓くにあたって、原子力の建設的な利用を破壊的な利用から分離することの技術上の不可能性がかくも広範に存在しているという事実

――これは一見したところ問題をいっそうむずかしくするだけのように考えられがちですが、実はこの事実こそまさに、効果的な行動を可能にすることのできる中心的な、大切な要素であります。もしわれわれがこのことをはっきりと納得するならば、将来に対するある種の指針を持つことになるのであります。

＊1　いわゆるアチソン＝リリエンソール報告（一九四六年三月一六日）。これに先立つ二月、第二次大戦中にカナダで原子力スパイ事件がたくらまれたことが大規模に報道された。

今日の問題としての原子力

これは一九四七年九月一七日、ワシントンにおいて、軍、外務省および国務省の職員のグループに対しておこなわれた講演である。

　きわめて大げさな見出しのついた題目について話す場合、また実のところ取るに足りないといってもよいようなある事柄について話す場合に、私はずっと以前の一つの話を想い起こさずにはいられません。それは、原子力をどうするかという一般的な問題が出されるときには、かならず私の心に浮かんでくる話であります。私には、カリフォルニア大学にアーサー・ライダーという同僚が一人いました。孤独な男で、幼い子どもたちを連れ出して遊び相手になり、彼らにアイスクリームを買ってやるのが好きでした。ある日のこと、彼は私の小さい友だちを連れ出したのですが、その女の子が退屈した様子だったので、その子のために自分の耳を動かしはじめたのです。その子はライダーを眺めてから「アーサー小父さん、どうやってそうするの」とたずねました。すると彼は一生懸命に考え、しばらくしていいました。「どういったらいいかなあ。緊張感てやつを持つだけでいいんだよ」。

　これこそ原子力に関するすべての仕事がおこなわれている精神と大いに似かよっているように思われますので、私はこの緊張感のよってくる理由、いな、すくなくとも緊張感のよってくる理由の二、三について少し述べてみたいと思います。原子力の技術面を論議することは、可能ではないでしょうし、益するところもないでしょう。それに私は、技術上の問題は、いかほど複雑でも、この方面の政策決定を困難にしている理由であるとは考えません。困難さは、目標そのもののなかにあります。それらの目標は同時に並行して追求されねばならぬものであり、しかもある程度互いに矛盾し合っているのです。私たちは二つの道を経てこのことを理解することができるので、その二つの道を説明しましょう。

もしもここにお集まりの皆さんに対して、今後二年、一〇年あるいは二〇年わが国が原子力において強力であること――原子力時代における安全保障が大切であるかとおたずねするとしたならば、皆さんは然りと答えられることでしょう。けれども、この答えを基礎にして計画を立てるとなると、これは非常に厄介であります。というのは、この三つの異なった時期における安全保障のための要件が同じものではないのであって、これらの要件を調和させることを可能にするような要素を原子力問題の中に見いだすには、ある程度の工夫が必要となるからであります。

もう少し掘り下げてみますと、私たちが安全保障を達成したいと多少ともはっきり言明したときの局面には三つあります。その第一は国際管理であって、これは合衆国の公的な政策であります。これはきわめて広範囲な管理であって、この分野における国家間の対立を除去し、一国のなかで他国に対するひそかな軍備がおこなわれないようにし、原爆攻撃、すなわち大量破壊兵器をもってするあらゆる攻撃のために、ある程度の時間がかかるようにし、原子力をすくなくとも諸列強間の紛争の根源でなくすために大いに役立つものと思われます。この種の安全保障は、私の考えでは他のどのような方法をもってしても得られない性質のものです。しかし皆さんには明瞭なように、また私たちにも議論する理由がありますように、この国際管理が最も望ましい安全保障の形であるという事実は、それが実現されるだろうということを意味してもおりません。

第二に、技術上の優位という行き方がありますが、これは二つの目的を持っております。その第一は、われわれは考え方や運営や開発に関するかぎりつねに先頭をきっているべきである、われわれは技術上の発展が許すかぎりにおいてできるだけ奇襲をかけられるのを避けねばならない。第二は、われわれは自分たちの仕事をよく心得ていて、原子力の分野ではたらく活動的で元気旺盛な人びとの集団を持っていなくてはならない、ということであります。この優位には二重の機能がある、それは一方では、この分野における戦術的行動の自由を保持する機会をわれわれに与えるのですが、もしある外国の企図のために出し抜かれたり奇襲攻撃を受けたりしたら、われわれはすっかりそれを失ってしまうことになるでしょう。もう一つは、それはわが国に対する侵略への有力な牽制と認められている——そう認められることはもっともだと私は考えております。

第三の局面は、実務の局面であります。それは、原子力の分野においては——そしてこの分野が他の分野と切り離されていないことは明らかですが——それ自身、詳細に決定しなければならないたくさんな要素を持っています。何よりもまず、原子兵器攻撃に対する有効な、最大限に有効な防禦攻撃を受けた際に生きのびるための適切で必要な分散、必要で極度に困難な動員実施のための適切な計画を意味します。それは有効敏速な報復手段を持つことを意味し、わが国の原子力諸施設を利用するための詳細な戦略的調整を意味します。

国際管理の実現と、長期にわたる技術的優位を保持するために、さらに最大限の相対的実力を達成するためにおこなわれる事柄は、いつも調和するものではありません。そこでいついかなる時にも無理がなくて、これら三つの目的のいずれとも矛盾しないような釣合いを見いだすという問題が生じます。これはどういうことかといえば、皆さんは原子力の問題が何であるかを仔細《しさい》に観察しなければならない、初めはできそうにも思えないかもしれませんが、三つのことを同時に達成するに役立つか、あるいは同時に三つのことに向かってはたらくような特質にはどういうものがあるかを見なければならない、ということです。

　これは決して明白なことではありません。例えば、もし私たちの課題がいまから二年後の最大の軍事的実力の達成にあって、長期的な目標達成は問題外とするならば、また国際管理の実現は考えないとするならば、そして二〇年後のわが国の科学技術の発展の健全さ、力強さについて何も考えないとするならば、ごく目先だけを考えたやり方をとろうとするようになります。そうするとごく少数の人びとが政策樹立に参加し、ごく少数の人びとが原子力に関する実情を知らされ、開発費の償却が緩慢であるという理由から最小限の開発がおこなわれ、原料から原子兵器をつくる既知の方法に依存し、少しずつ改良することに努力が集中されるということになります。われわれの目標は大量の貯蔵、最大の可能な貯蔵であり、情報をできるだけ拡めないようにするということになるでしょう。これは短期の計画であるといえます。

　このような計画は、目的のうちの一つには適応するでしょうが、三つの目的すべてには適応しません。原子力事業を計画するにあたって留意すべきことの一つに、私が国際管理の達成を加えたのはおかしい、と考えられる方があるかもしれません。皆さんはこれについてフォックス博士とオスボーン氏から聞かれたわけですが、これはわが国が戦前もっていたものに匹敵する安全保障として唯一のものであると私は考えます。これは、つぎの一〇〇年間に悪い政府が生まれ、新発見がされ、政府が無責任に堕したとしても、原子兵器が不意打ちで使用され不意打ちで開発されるのを恐れないで生きていくことのできる唯一の道なのです。

皆さんがこれもご存知のように、国際管理という考え方は、多少気をつけて吟味すれば、国際協力による原子力開発の考え方に落ち着きます。このことは、国際連合内部での経験からも明らかであります。一方、国連委員会〔原子力委員会のこと〕に席を占めるほかのソヴェト圏外九カ国の代表は、アメリカ提案の基本的な健全さに確信を持つにいたっている、と私には思えます。彼らは全部が初めからそう確信していたわけではありませんが、彼らの確信が多くの場合、アメリカの立場に順応したいという希望から生まれただけのものであるとは信じられません。それは確信から生まれていると私は考えます。アメリカの立場の基本的な考え方の生命力は、それが受け入れられることによって実証されるものであると私は考えております。

同時に、現在多数意見であるこの計画に、ソヴェトが同意するであろうとか、あるいは同意に歩み寄って来るだろうという希望や期待は、誰もまじめには受け取れないと私は考えます。そのことはそれほど理解しにくいものではありません。わが国の提案の柱石となるものは、技術と政策に関して率直さと大幅の公開性とを要求する一つの制度であります。それには、国籍を度外視した、人びとの間での仕事の協力が必要です。それには、原子力の分野で国家的な対立をなくそうとする最大限の努力が必要であり、また原子力のすべての危険な領域では、全体的な、純粋な国際的活動が必要であります。アメリカにとってさえ、この種の提案はきわめて重大なものを放棄しなければならなくなることは明らかです。わけてもこの提案の結果として、アメリカが世界の他の国々から相対的に孤立して生きるという希望は、多かれ少なかれ恒久的に断念しなければならぬことになります。他の強国の多くの代表たちがわが国の提案がどんなものかを知ったときに、心底から目を丸くしたこと、そしてわれわれはそのつもりで提案したことを申し上げても、私は別に不作法な打明け話をしていることにはならないと思います。当初、代表たちはこの提案は少し行き過ぎていて正当とは認めがたいと考えました。しかしこれらの提案によってアメリカと西欧列強に幾分かの犠牲が要求されるのに比して、ソヴェトが要求される犠牲と譲歩は一段と大きなものであります。それというのも、提案された管理方式がソヴェトにおける現行の国家権力のあり方と真っ向から対立しているからです。この国家権力のイデオロギー的支柱、すなわちソヴェトと資本主義世界との間の衝突の不可避性に対する信念は、原子力管理のためにわが国の提案が要求しているような強度の、緊密な協力ができた暁には、放棄されることになるでしょう。こんなわけで、われわれがロシア人に求めているものは、彼らの国家権力の基礎と、彼らの国家権力そのものとを、きわめて大規模に放棄し破棄することなのです。ロシア人にこの大きな踏ん切りをつけさせるに足る誘因や甘言や脅かしを私たちが見いだしたようには思えません。だからといって、こんなことは決して起こらないだろう、国連における議論の結果として、こうしたことは九分九厘まで起こるまい、とは私は思わないのです。

　国際管理の考え全体は、一定の信頼を前提としています。ポーカーをしようとして席につくときに鉄砲をたずさえていても信頼に反するものではありません。ポーカーをしようとして席につくことは信頼の証しなのであります。これらの問題に努力が払われはじめてから一年半の間に、われわれは、ソヴェトの動きと世界の政治情勢の変化によって、基本的に信頼を否認するような手段を再三とらざるをえない立場に立たされました。そしてソヴェトは、この信頼を否認する、さらに重大な手段をとってきました。協定を——協定だけでは十分ではないのですが——話し合う場がいっさい消え失せてしまいました。協定だけではない、そのほかに計画を実施し計画に活を入れるという、信じられないほどはるかに骨の折れる諸問題があるのです。

そんなわけで、六カ月か一年か一年半のうちに原子力開発機関、つまり協同の原子力開発が実現するだろうとまじめに信ずることは、一種の精神分裂症にほかならないのであって、それは大変悪質な政治的混乱をもたらすだけである、と私は考えます。「もしもロシア人が突然彼らの立場を取り消してわが国の提案を呑み、それを実現するために仕事をしはじめたとしたらどうなるか」——というような気づかいは、無駄な気づかいだとさえ考えます。アメリカの提案は強い不信の念があるときは実施できないということ、それは着手されるに先だって十二分な平和的意図、協同、信頼と率直さとを前提としているということは、われわれの提案の本質の然らしめるところであって、われわれの計画がアメリカに与える防衛なのであります。

しかし、この考察を結論づけるに先だって、思慮深くこの問題に傾倒している多くの人びとが、われわれの提案の最終到達点まで行かぬところで協定すべきではないと考えていないこと、つまりわれわれはこれらの話合いにおいてあまりにも高い視点をもっていたことを申し上げておく必要があります。われわれは実現されえないものを求めてきました。そしてこの種の兵器を保有している警察国家の特権的地位に鑑みて、もっと安い取引きをしてもよかったのではないかと考えます。私はこのことについて、コナント博士とたびたび論じ合いました。博士は来週皆さんに講演をされるそうですが、きっとこの問題について話されると思います。博士はいくつかの意見を持っていますが、それらの意見はいままで十分まじめに取り上げられなかったと博士は考えており、それは国際化に対するぐっと控え目な提案となっております。その案は、つまるところ核燃料を地中にそのままにしておいて、技術的活動の規模を縮小して国家主権に対する干渉をうんと少なくし、したがってまた国際協力がうんと少なくなるようにすることであります。私としては、アチソン＝リリエンソール報告*1中に示された論点が正しい議論であること、そして右に述べたような安価な解決策などありはしないことを確信しています――きわめていやいやながら確信しております。けれどもこれは軽々しくかたづけてはならぬ一つの可能性であります。

　このような状況のもとでは、ここしばらくの間あるいは予見できる将来、国際連合で進められていることとの結果として、あるいはそれについて二国間ないし多数国間で国連の仕事を補うために始められるかもしれない話合いにおいて、協定にしろ協定の結果にしろ事実上国際協力による管理と開発が緒につくことはないだろう、と予測することが、私には合理的であるように思われます。誰かがこれをなしとげる手軽な手段なり、あるいはそれをなしとげる確実な手段を知っているとは思えません。しかしこれからしばらくの将来を展望するとき、この種の発展の可能性を永久に見込みのないものと決めてしまうことが正しくないことは、まず確かでしょう。というのは、わが国の政府を動かしてこのような管理を提案させるにいたったそもそもの論拠がはっきりと示しているように、この提案には一種の安全保障の萌芽が蔵されている。この安全保障たるや、他の方法では得られないものであり、たとえソヴェト連邦の政府というものがなかったとしてもわれわれの望んでいるものであり、世界政治のあり方が今日見るところと非常に違っていたとしてもわれわれの望んでいるものであるのです。いつかわれわれはこれに立ちもどることを望むようになるでしょう。そしてこれはどういうことかといえば、われわれがみずから事を運ぶにあたって、われわれがわが国における原子力とそれに関連する諸問題を扱うやり方のなかで、またわれわれの西欧諸国に対する態度のなかで、圧倒的な条件ではないが念頭にとどめておく必要のある条件の一つとなるものは、長い目で見た場合、原子力の問題を扱いうるのみならず、これを解決しうる見込みを最も大きくさせるような計画にわれわれが従う、ということであります。そしてそれが国際化ということであります。

具体的にいえば、これはどういうことになるでしょうか？　私は実例を挙げて二、三の簡単な要点を述べる以外、これにお答えできるとは考えておりません。第一の要点は、前に述べたとおり、イニシアチヴを持ちたいということであり、それはどういうことかといえば、われわれは一九四五年末に現われたような諸問題に力を集注するような状況に身を置きたくない、あのような状況では、われわれのなしつつあることを根本的に時代おくれにするような新しい発展が、おそらく他の方向で、他の科学的動機で、他の科学的拠点でおこなわれるだろう、ということです。われわれは悪い状態に陥りたくない。それは思想と人間における指導性ということであり、もちろん海外でおこなわれている仕事にできうるかぎり精通しているということを意味します。

ヨーロッパにおける文明生活の型がくずれ、あれほど薄手になっていた最後の数年間においてすら、過去二年間になされたいくつかの重要な実験上の発見のうちすくなくとも二つはヨーロッパから生まれています。その一つは、公表されるずっと前に、ローマのある古い建物の穴蔵のなかで、三人のイタリア人によっておこなわれたものです。[*2]　この人たちはイタリア抵抗組織に属していたという理由で、ドイツ軍から死刑を宣告されていました。三人はその一人の叔父の手でカッシノの労働部隊から救出され、ローマの穴蔵のなかへこっそり送り込まれました。彼らはそこで退屈して、実験をはじめたのです。これらの実験はこの春に公表され、基礎物理学の領域で、われわれの考え方における真の革命となりました。

もう一つの実験は、前者よりもはるかに劇的でない状況のもとで、しごく目立たない設備で、イギリスのパウエルとオッキャリーニとによっておこなわれました。[*3] 外国の技術的研究がいちじるしくハンディキャップづけられ、アメリカのわれわれが有利な立場にあるというのはあまりにも単純な見方だろうということを申し上げたいからです。もちろん、これらの実験は原子力とは何の関係もありません。また、いつかは原子力と何かの関係が生ずるかもしれませんが、今日では関係ありません、多分これからもないでしょう。

第二に、合衆国が提案した管理案の全体の性格からして、また原子力の建設的と破壊的、爆発的と動力的な利用とが緊密に絡み合っていることからして、重要な一点がある、それはわが国の経済と科学における原子力の有用性はいうまでもないことですが、それだけでなく、国際的な解決策を長期にわたって探求するということは、原子力の建設的利用の開発にきわめて大きな価値を認めるものだということです。

第三に、私が繰り返して触れねばならぬ問題があります。それは公開性と安全保障との間に適当な釣合いをとるという問題であり、またもしこの分野で壮大な未来を待望すべきものとするならば、若い人びとを養成し訓練し、識見と知力にたけた有用な一群の人びとを養成し、他国の科学者および技術者との適切な関係を樹立することの必要であります。さらにまた、全体的かつ非妥協的な安全保障政策——これはわが国が建国以来採ったことのない政策ですが——には、将来における何らかの可能な国際化のための土台を築くという点から見れば、明白な欠陥があるということです。

ほかにもいろいろありますが、それらはつぎのような事実に帰着します。すなわち、もし今年や来年というのでなく、将来いつの日かにアメリカ提案の線にそって解決をみるとするならば、原子力における仕事のこの領域とそれに密接な関係のある分野は、科学的かつ合理的な協同活動の領域として維持されねばならず、それをあまりにきつく締め上げて、そのためにわが国の生きた文化と発展からはずしてしまうようなことのないようにしなければならない、ということであります。このことはまた、この理由ならびにその他の理由から、安全保障に対して多少とも弾力性のある態度で臨まなければならないだろう、ということにもなります。それはどういうことかといえば、例えば、われわれの知識とわれわれの原爆保持の上にあぐらをかく政策はこれからのちの国際化に門戸を開いておくことに役立たないであろうし、われわれの技術上の優勢を保持するための有効な進路ともならないであろうということです。

この分野にあって、私は一つの比喩《ひゆ》を考えることができます。教科書の持込みを認めた試験がありますが、あれはすべての解答が教科書のなかに見いだせるものではないからです。原子力の分野は、教科書持込みでおこなう試験のようなものです。答えを探しても見あたらない、皆さんの真の資産は能力、理解力、知識および力量である、というようなところがあります。

ここでつぎの話に移ることになります。皆さんが原子力における優越を語るとします。すると優越とはどういうことかについて、二つの別々な、基準の異なる見方がある。その一つは他国と比較しての優越です。わが国の費用の一〇パーセントを費しているイギリス、わが国の費用の一パーセントを費しているフランス、あるいはわれわれにわからない額を費しているロシアでおこなわれていることと、わが国がなしつつあることを比べるならば、おそらくわが国はいちじるしく先んじていることでしょう。そしてこれは、われわれがおいそれと犠牲にしてはならぬ優越性であります。ところが優越にはもう一つある。それはわれわれが一九四五年になしつつあったことを一九四六年になしつつあったことと比較し、また一九四五年になしつつあったことを一九五〇年になすであろうと思われることと比較することから、つまり進歩の感じから生まれる優越であります。この分野での諸活動は、それを他国での諸活動とだけ比べれば具合がよろしいが、わが国の過去の諸活動と比べるとかんばしくないというようなことでは、永つづきしないでしょう。これほどの壮大な事業に弾力性ある安定を与えるためには、進歩の達成の意識がなければならないのです。

以上述べたことすべては、他の一点を考察しないことには十分とはいえません。現在のところ——そして見通しうる将来においても、と私は思うのですが——非常に急速に原子兵器による武装をすることは可能ではないでしょう。分裂性物質を蓄積する工程は、大戦中にあれほどうまくいったスピード・アップほどには加速できないでしょう。そこには二つの問題点がある。その一つは、計画のテンポがますます速くなっていくために、平和から軍備への転換にあまり長期間をかけるわけにはいかないということです。その二は、分裂性物質の生産過程の性質に根ざすもので、適当な貯蔵量をつくるために、この過程を例えば一年間に切りつめるならば、おそらくわが国の経済に堪えがたい緊張を課すことになるでしょう。はっきりいえば、この種の貯蔵をそれほどの短期間につくり出す力はわが国にはまだないと私は考えております。

右の議論からわかることは、当面の軍備の現状を無視することはできないのであり、しかし同時にまた、その軍備がたとえ十分なものであったにしても、この分野における優越に頼りきってその上にあぐらをかいていることはできない、ということであります。どうしても一つの均衡を見いださねばならない。そしてそれは本質的に、わが国が来るべき数年間に他のすべての活動においても当面するであろう均衡である。自由と安全保障、この両者の間の均衡、動的安全保障と静的安全保障の間の均衡でありまず。

いままでお話ししたことはすべて前置きのつもりでありましたが、それはここで問題点の実例を取り上げたかったからであります。これらの実例については、ひとは一見したところでは急速な解決を与えたいという気になりがちですが、その際われわれが安全保障のために目指す必要のある三つの段階を考えるならば、安易な解決は到底できるものではなく、それどころかこれに対処するにはある種の機微を必要とすることがわかるのであります。第一の例は、この分野におけるわが国と他の国々との関係にかかわっています。われわれが他の国々からもらいたいものに何があるか、と皆さんはおたずねになるかもしれない。われわれのほしい何があるのか？　われわれが原料に関心を持っていることはいうまでもありません。しかしもう少し一般的にいえば、われわれは外国の人たちの頭脳と仕事を利用させてもらいたいと望んでいる。先に述べた西ヨーロッパ、それから日本——これらの国々は、きわめて高度の科学研究がおこなわれており、これからもおこなわれなければならぬところである。われわれは彼らの好意を欲している、彼らの共感を欲しております。われわれは、ヨーロッパの知識人たちにアメリカの友人になってもらいたい、敵になってもらいたくない、と望んでおります。これは明白なことです。

右の点は、国内の原子力計画に参加していない科学者についても当てはまります。どんな原子力機関も、どんな委員会も、わが国の大部分の科学者を原子力のために働かせることを希望することなどはできもしないし、それを正当だと考えることもできるはずがありません。それこそまったくピントはずれというものでしょう。一〇パーセントの科学者を雇用するとしても、それは大きな数です。しかも最も密接な関連のある科学分野だけでそうなのです。わが国の化学者の一〇パーセントを原子力研究に雇用することができるものかどうか、私はあやしいものだと思います。しかし私たちは、原子力研究にかかりきりになっていない科学者たちの科学上、技術上、工業上の努力から多くのものを得ることができるでしょう。人を一人雇って、彼が仕事をするための必要知識を与え、さてそれからその人に何らかの着想があるかどうかを見なければならぬということは、はなはだもって不得策であります。技術的な事柄で進歩するためには、情報というものがかなり自由に伝達されなければならない。このことが基となって、現在職業的には関係のない人びとが一つの問題について考えはじめることでしょうし、ある種の発想をすることにもなるでしょう。それらの人びとはそれについて論文を書いたり、実験をはじめたりするかもしれない。こうして、わが国とヨーロッパの、まだ規制の手の及んでいない人的資源に頼れるということ、すなわちアメリカの原子力委員会のために働いていない、われわれの周りの人びとに原子力の実態を限界まで知らせることにより利益を得られるのは利点であります。このことは、公開性をどの程度まで拡げうるか、公開とは単に技術的情報の断片を与えることを越えて、技術的な理解の領域を拡げることではないかということを、入念に検討するためのきわめて有力な示唆となるものであります。このような公開性が、注がれる努力に対してどのような利益をもたらすようになるのか、また一連の諸問題をもっと広範に知らせることがわれわれにどんな効用を与えることになるのか、を私たちは問わなければなりません。

最近の歴史に、私が全面的に賛成している行動の好適例があります。それは原子力に関するある施設、ある情報をより広い範囲で利用できるようにしようとする試みの始まりとして、アイソトープ配分の領域でおこなわれはじめています。われわれは、わが国の原子力計画外の研究を相手とする場合、また他国、少なくとも西ヨーロッパの友好諸国を相手とする場合、原子力の分野で「安全」といえるようなあらゆる活動、原子兵器による軍備に物的基礎を与えないようなあらゆる活動は共に分かち合うのがよいという原則を旨としてよかろう、ということは即座にいえることではないかと思います。これには実にたくさんのものがあります。小さい原子炉もこれに入ります。アイソトープもこれに入りますが、これは海外向け配分先のリストをはるかに上まわるものです。

アイソトープを例にとりましょう。アイソトープというものは他の方法によっても生産できるものであり、もともと生物学研究に価値があるために選ばれているものでありますが、この配分はきわめて慎重におこなわれています。アイソトープ利用の推進方策は、私たち自身の利益のためであり、好意であり、私たちが得たいと希望している知識のためであります。またこれは節度ある、一貫した方策であって、私たちが将来かくあれかしと望んでいる世界の画像に軽く一筆を描き加えるものであるからです。これはこの画像に対するきわめて思慮深いやり方であります。ほかにも方法はありましょう。しかしこの場合にも十把ひとからげのルールというものはないのです。

もう一つの例――技術上いつも起こる問題、そして原子力委員会の諮問委員会で取りあげられることになる事柄をおもに論ずることにします――、それは科学の全般的な推進と、原子力の技術上の仕事の当面の目的追求との間に一見存在しているかに見える軋轢《あつれき》であります。大学で働いている科学者の大半は、どちらかといえば抽象的な、長期的性質を持つ事柄を研究しており、もし皆さんが、博士取得および取得後の研究に補助金や特別研究費を供与するようなことをしたり、あるいは海軍研究局が見事にやっているような、研究器械設備基金を提供したりすれば、それこそ自動的に、研究者が大学の実験室にとどまって、そこに長くいる誘因をつくることになります。これにより、原子兵器の整備という緊急な、おそろしく緊急な仕事に従事する人の数――これは現在きわめて不足しているのです――を減らすことになります。にもかかわらず、この場合もまた十把ひとからげの答えを出すことは間違いでしょう。現在原子力研究にたずさわっている人びとよりずっと多くの人びとを原子力活動に駆り集めるということは、アメリカ政府のすべての機関の総力を挙げても、おそらくできることではないでしょう。しかもこの駆り集めを、若い人びとの訓練をとりやめるとか、基礎科学における新知識の展開をあきらめるという犠牲を払ってやったとしたら、わが国の当面の力を増しはしても、将来にとって大きな代償をもたらすひどく割高な代替案となることでしょう。

さて、この種の問題が生ずる領域はほかにもあります。ハンフォードの原子炉[*4]の設計を完全に秘密にしておくことが、いままで論議の種となったことはないと思います。われわれがある問題を解決していないという事実を秘密にしておくことの可否は、検討の要があります。なぜかといえば、われわれにはほんとうにある着想が必要だと思われるからであり、また、われわれが一向進歩できないでいる領域を機密に指定する、つまり秘密にしておく、これをわれわれが知らずにいるということは、時として、もしも現在よりずっと広範な人びとの集団が関心を持つことになれば得られるはずの、洞察、名案および進歩をかちとることに対するきわめて重大な妨げとなるかもしれないからであります。この種の事例はかなりの数に上っており、兵器の問題から原料の問題に及ぶあらゆる方面にわたっているのですが、この点で私自身は、秘密にしているのは間違った考えであって、われわれに必要なことは、問題をはっきりさせることによって新しい考えを招き入れることである、と感じている次第です。しかしながら上述の事例すべてについて明らかなことですが、われわれがある問題を解決していないことを公けにするということが、軍事的安全の破壊となったり、あるいは敵対国を安堵《あんど》させる基となったりするか否かという点には、きわめて厳重な注意を払う必要があります。

もっと厄介な領域もある、それはつぎのようなものです。兵器の製造を別とすれば、核燃料の製造、および核燃料の原料の発見と処理に関連のある操作のかなり多くの部分は、多くの点で普通の工業的操作であります。そして誰でも知っているとおり、工業界がこれらの計画に熱心に参加するということは、私たちに力と豊かな実りと全般的処理能力を与えるものですが、これらは工業部門に一定の仕事を割りふるだけでは得られるものではありません。ここでもある種の代償が必要となってきます。なぜかといえば、将来非常に儲かる、あるいは儲かることに貢献できると見てとらない限り、工業がこの種の問題に関心を持つのを期待するのは合理的でないからです。参加によって職員のなかに有能な人材や知識や、政策決定機能をつくりあげることができ、これらが他の日常的な分野で利用できるという見込みがない限り、工業に参加を求めることは合理的ではありません。だからもし必要とされる計画遂行のために、新しい工場建設のために、またここ一、二年の間に原子兵器による軍備の拡充を実現するためにのみ工業を利用するにとどまるならば、工業界の関心を枯渇させることになるでしょう。といって工業界のやり方を放任しておけば、各種分野に多数の有資格者を育てる以外には永い間何もしないことになり、これは将来引き合わないのです。この場合もまた、安全保障のさまざまな必要性を理解したうえで一つの妥協が肝要です。

このことは、もっと広い範囲についてもいえます。人びとは、よく働くためには、政策決定に参加しているという感じを多少とも持つ必要がある。政策を決定するには物事を知らなければならない。物事を知るためには、皆さんは人びとに告げ、人びとに学んでもらわなくてはならない。原子力の公開政策――世界のどこかに競争者がいるという心配さえなければ、われわれが理想としてたどるであろうと思われるこの公開政策には、実験室、工業会社の重役室、アメリカ政府のいずれの人であろうと、最優秀の頭脳をもち、最も懸命に働いている人びとによって政策が広く決定されるという利点があります。これはなかなか実現できるものではありませんが、技術的理論と技術的課題とをあまりにきつく隔離しないでおけば、わが国の政策決定を実り豊かにするという利点が得られるのです。私が政策という場合、もちろん最高の政治上の政策だけをいっているのではありません。むしろ政策とは、つぎに何をなすべきか、どのような種類の原子炉を建造するか、航空機用推力として高温原子炉を研究するか、もっと小規模に、あるいはもっと大規模に航空機用推力を研究するか、濃縮燃料を用いるか、等々であり、これらは政策問題の典型的な例であります。それらはおよそ専門機関が答えうるものではなく、その状態はこれから長い間続くでしょう。それへの解答は、技術者よりなる公認の責任ある団体から出されなければならないのです。

ほかにも関係領域があると思います。ここでは私があまり知っていない事柄についてお話しすることになります。報復のための有効な軍事力保持という見地からと、わが国の防衛活動の高度の調整という見地からみて、軍部のごく少数の人びとでよいから、原子力とはどんなものであるかを知る必要があるように私には思われます。これらの人びとは、この分野の実情を知る必要がある、特に最高の機密事項を知る必要があります。ここでもまた、強力な、相当長期にわたる計画をつくるに必要な才能を事業に参加させる努力と、来年か二、三年先にはどうなっているか分からないが現在は強みとなっている安全保障措置との間には、摩擦があるように私には思われます。

私はこれらの問題を詳しく述べようと試みてきました。今日でもなぜ原子力が些末《さまつ》な題目ではないのか。来年は爆弾をいくつつくるかというような初歩的な問題と、世界全体の原子力活動を調整する力と洞察と知恵と訓練をもつためにわれわれはどのように対処すべきかという遠大な問題を、なぜ同時に考慮する必要があるのか。その理由は、右に述べた問題が典型的に明らかにしています。短期間の安全保障には、きわめて高い代償を払わなければならないのですが、誰しも払う気にはならないだろうと思います。長期計画を考えている余裕がないとか、「現在の世界」を相手にしながら原子力の国際管理を夢想するなどとはまったく狂気の沙汰《さた》であるとかいう人びとに対しては、また、国際管理による以外に安全保障はなく、他にどんな対策をとっても無益であるという人びとに対しては、私は心の底から同意しません。それらの人びとに、結びとしてお話を申し上げたい。それは孔子の話であります。

ある日のこと、森の中の空地で、孔子が悲嘆にくれている一人の女に往き遭いました。孔子は、その女の息子が今しがた虎に食い殺されたことを知り、その女を慰め、泣いても無駄なことをわからせ、気を取り直させようと試みました。別れて再び森のなかへ入るか入らないうちに、泣き声が新たに起こって孔子を呼びもどしました。「それだけではありません」とその女はいいました。「私の夫が一年前にここで同じ虎に食い殺されたのですよ」。孔子はまたもや女を慰めようとし、再び別れたのですが、その途端に新しい泣き声が聞えました。「それだけではないのか」「そうですとも」と女はいいました。「その一年前に、私の父も虎に食われたのです」。孔子はしばし考えた末にこういいました。「ここはあまり住みよい土地ではないように思えるが、なぜまたお前は立ち退かないのか」。女が手を揉みしぼりながらいいますには「そうです、それはよくわかっていますが、でも政府がとても立派なんです」。

＊1　一九四五年一二月の三国外相会議で、国連に原子力委員会を設置することが決定された。

この委員会には、ＴＶＡの総裁で、のちに初代の原子力委員会委員長となったＤ・リリエンソールを中心とする顧問委員会が付属しており、オッペンハイマーはその顧問委員であった。二つの委員会で共同してまとめられた報告書は、一九四六年三月に公表され、ほとんどそのままバルーク案に引きつがれた。

＊2　コンヴェルシ、パンチニ、ピチオニの三人の物理学者を指す。彼らは、宇宙線中間子が核力の中間子であるか否かについての考察に、決定的な役割を果たした実験をおこなった。

＊3　パウエルとオッキャリーニが一九四七年におこなったπ中間子よりμ中間子への崩壊を確認した実験を指す。

＊4　原爆製造に必要なプルトニウムを生産するため、ワシントン州ハンフォードに、一九四三年から建設がはじめられた原子炉。

とらわれぬ心

本講演は、一九四八年一二月一一日、ロチェスター国際連合協会とロチェスター外交政策協会の共同集会でなされた講演である。

数週間前、プレイリー〔ミシシッピー川流域〕にある某カレッジの学長が私に会いに来ました。この人は将来を考えてみるとき、自分の目に触れるものが気に入りませんでした。つまり、平和の維持も、自由の保持も、わが文明の崇高な価値の繁栄と成長も、暗い見通ししかなかったのです。たとえ小さなカレッジであっても、このような見通しをもっと幸福な結末へ変えるために応分の寄与をすべきではなかろうか、と学長は考えているようでした。ところが彼がいったことには、むしろびっくりさせられました。彼はこういったのです。「私の力になっていただけるでしょうか。私は非常に特殊な問題をかかえているのです。カレッジでは、ご承知のように、学生の大部分、教師までが農家の出なんです。彼らは種子をまき、それから芽が育つのを待ち、それから収穫するのに慣れています。彼らは時間と自然とを信じているんです。彼らに物事を自分自身の手でやらせるようにすることは、ちょっとむずかしいですね」。おそらく、ほかの何にもまして、今晩の私の論題はわが国の国際問題の処理にあたって、つまり平和な、より自由な世界を求めるにあたって、時間と自然の助けをかりるということに触れなければならないでしょう。これは何も神秘的なことを申し上げようというのではない。というのは、私たちが助けをかりなければならぬ自然とは、人間の本性《ネイチュア》であって、もしそれに希望があるとすれば、それは少なからず人間の理性にもとづいているのです。国際問題の処理のなかには、この理性の行使に役立ち、新しい経験と新しい洞察と新しい理解の成長にふさわしい雰囲気を提供できる要素として、どんなものがあるのでしょうか。理解にもとづく行動を通して起こるべき結果をもたらすにはまだ間があるというのに、私たちはどうしたら上に述べたような成長を認め、そのたのもしい意味合いを感得することができるのでしょうか。

　このようにむずかしい問題に対しては、ひとはまったく語ろうとしません。語ったにしてもごく控え目に、いい加減に語ります。もし答えが本当に見いだされるとしたなら、多くのさまざまな態度のなかに、——欧州復興計画のなかに、わが国の対ソヴェト関係のなかに、わが国の政策を展開し決定する機構そのもののなかに見いだされることでしょう。でも皆さんは、外交問題のなかで比較的独特ではあるが異状というほどのものでもない原子力問題に私たちが注意を向けることを、不穏当なこととは思われないでしょう。それは、わが国の政策の本来の意図がすっかりくつがえされた領域であります。この本来の意図に関する成功の見通しが暗澹としてしかも前途遼遠であると一般に認められている領域であります。この失敗の結果、われわれはある重要な点で本来の意図と矛盾した行き方をしなければならないだろうと、ひとしく認められている領域であります。それは、われわれの提案がすぐれていて、今までの実績に私たちは誇りを持つことができ、また現に誇りを持っているにもかかわらず、だからといって不安な気持を静めかねているし、もうこれ以上心配はないと思いきりかねている、そういう領域であります。

原子力国際管理を目指すわが国の政策と成果の歴史は公けになっています。それよりはるかに重要なことは、それが当初から広範な関心と批評と理解を呼び起こし、議会や新聞で、また国民の間で論議の対象となってきたことです。もしもこの数年間をもう一度繰り返して生きるとしたら、われわれが学んだことに鑑みて行動を改められただろうという考えもどうやら成り立つかもしれないし、ほかの道を選んで行動していたら、つまりそういう選択が可能な時期に行動したのであれば、結果を変えることができたであろうという合意が得られたかもしれない、とさえいえます。でも過去というものは一つの点で未来に対する間違った手引きとなります。つまりそれは未来に比べるとはるかにこみいっていないのです。

原子力国際管理の形態についてわが国政府が国際連合に対しておこなった提案のなかに、悩める心をふるい立たせるものがほとんどなく、正当性もなかったことは確かです。これらの提案と、これの実施細目は、国連原子力委員会に出席した一七加盟国中の一四カ国によって検討され、修正を加えられて、採択に付されました。この提案はソヴェト側三カ国によって、今後の討議の基礎としてもまったく拒否されたのですが、これら諸国の政策と討議に対する寄与は、われわれから見れば終始比べものにならぬほど低い水準のものでした。

この秋、委員会は三度目の、最終的と考えた報告をパリで催された総会に提出しました。委員会の総会への勧告はつぎのとおりです。すなわち、提案された国際管理方式の大綱を承認すること、ソヴェトの反対提案が当を得ていないことに留意すること、委員会自体は、安全保障理事会の常任国とカナダとの間に満足すべき予備交渉がおこなわれるまで、あるいは過去において進展を阻んでいた一般的政治状態が改められたために該協定が今や可能と思われるようになったことを総会が認めるようになるまで、仕事を中止することを許さるべきこと。総会は一つを除いてすべての勧告を受け入れました。委員会に会合をつづけるように要請したのです。ところが総会は、委員会への訓令のなかで、委員会のなすべきことについて積極的な指示を与えることも、委員会の今後の努力の成功に対して信頼を表明することもしませんでした。実のところこの行為は、委員会の職責遂行上の明白な過去の失敗を、総会は永久に見過ごせないことを示すものとも考えられます。

それにしても、この行為にはそれ以上の意味があること、われわれ自身がこの問題に専心していることの性質と意図がもっとはっきりするにつれて、われわれはこの行為を理解するようになるだろうことは認めてもよいと思います。国連総会は、すくなくとも原子力問題をこのまま放置しないように要請したのですが、それはこの問題が最も根本的に、時としては象徴的に国際問題の最も深い部分に触れているからであり、これらの問題が無視できないもので、たとえさしあたりどのような挫折《ざせつ》があり見通しがどんなに暗いものであっても、失敗してはならぬことを、総会が再確認しようと欲したからであります。総会が事実上求めていたのは、平和を守りたいという人間の幾久しい希望を実現するにあたって、時間と自然、それから自然の一部としての人間理性と歴史事例とに応分の役割を果たさせよ、ということでした。

およそ政治的行動のなかには、特に原子力に関してアメリカがとった国際上の行為と言明のように、込み入ったデリケートな行動のなかには、簡単な分析では説明できない、ずっと多くのものがいつも含まれています。ヒステリー的要素はあったにせよ、原子力に関してわが国がとった手段は原爆戦争の恐怖という角度から理解できるという意見には真実があります。私たちは原爆戦争を避けようと努めてきました。さらに、原子兵器による軍備がわが国の制度と私たちの自由に及ぼす悪い影響を避けるために努めてきました。しかし、もっと根本的な、もっと一般的な問題点があります。その問題点は原爆開発によって象徴的となり決定的となったとされていますけれども、性質上原子力問題に局限されるものではなく、外交政策のあらゆる重要問題に波及しているのです。問題点についてわれわれが抱く懸念を解くためには問題を扱ったその仕方を広く考えてみるべきであると私は思うのであります。

　第一は社会における強制の役割にかかわっています。第二は公開性の役割にかかわっています。数世紀を通じてはぐくまれ生まれ出た原子爆弾——そこでは強制の役割がおそらく他のどのような人間の活動におけるよりも完全に弱められており、その成功と、存在自体が自由討議と自由研究の実現に負っている——その原子爆弾が、奇妙な逆説の形で、秘密として、同時に比類ない強制の道具として現われたのです。

　相互に依存し合っている理想、つまりできるだけ強制を減らし、また秘密を減らすという二つのことは、もちろん、事柄の性質上、絶対的なものではありません。この二つを絶対的なものにすることは現実を離れ原理にふりまわされることになります。しかしこの二つの理想は、私たちの倫理的ならびに政治的伝統のなかに深く根ざしており、わが国を建国した人びとが誠実で雄弁な簡明さで語っているのです。それらの理想は実際のところ、わが国が建国早々に傾倒し、われわれの元気と健康の原動力であることがわかった、あの人間の尊厳についての思想から切り離すことができません。この二つの理想は密接に関係し合っていて、その一つは政治行動への鍵としての説得を指向し、他は説得の本質的な手段としての自由討議と知識を指向しています。それらは私たちのなかに深く根をおろしているので、それらをわざわざ語ることを必要としない、そして語ることができるとも思えません。ところが外国の専制政治や国内の悪行が現われると、私たちは公共生活の番人としてそれらの理想に立ちかえります——私たちの多くにとっては、二つの理想は同時に人間生活の番人役も果たすのです。外交問題においては、私たちは力の使用あるいはその必要を知らないわけではありません。それでもわれわれは頑固なくらい力を信じていないのです。外交政策の分野においてわが国の意図を本当に、永続的に実現するには、強制に訴えることはできない、ということを私たちは知っているはずですし、再三思い知らされているように思われます。

私たちは、国内の政治生活でよく学んだ事柄を、外交問題におし拡げることは当然であると感じています。その事柄というのは、人間の尊厳を意義あらしめ、誠実な確信にもとづいて決定することを可能ならしめる上での、一つの不可欠な要素、おそらく考えようでは唯一の不可欠な要素は、人間のとらわれぬ心であり、人間同士の交わりのために存するあらゆる媒体のとらわれのなさ――束縛から自由な、抑圧から自由な、それどころかあらゆる束縛のなかでも最もゆきわたった、身分と階級制度の束縛から自由な、とらわれのなさである、ということであります。

わが共和国建設の頃は、またわれわれの政治的理想の成長と明確な形成とに寄与した十八世紀全体にわたっては、政治と科学とは一体をなしていました。ある意味で、もう一度そうあってほしいとの希望が、原子力の開発によって復活させられたのです。この点において、公開性ということ、とりわけ技術問題と、世界各国でおこなわれている現実の事業とに関する公開性が、原子時代の安全保障策のための唯一の重要な前提条件であるということが、一貫して決定的なものとなってきております。ここにおいてわれわれは、独特の理解できる形で、一般の人びとの理解をとるか、さもなければ秘密と強制力に訴えるかという二者択一に遭遇したのであります。

以上申し上げたことすべてについて、私は何も新しいことを、広島への原爆投下以降知られていなかったことを述べているつもりはありません。とはいえ、めったに発言したこともありませんでした。それは、有効な国際管理をつくり上げるのに必要と思われる仕事があり、その仕事は国際管理が誕生できるかどうかの決め手にならないものだったのですが、それに圧倒されていたのです。管理を確立しようと試みた際の交渉の行きづまりがあれほど由々しく、手ごわく、永く思われたのは、右に述べた基本問題に対して、たとえ原則上でもいい、意図か目的を実質理解したという同意を得ることができなかったからにほかなりません。

以上に述べたことは、パニックや絶望感をつくり出すこととはまったく反対の趣旨からです。世界の諸政府を説得して、われわれと一緒にますます公開的な世界をつくらせ、そうすることによって、政策を決める際に説得が強制にとってかわるための土台を確立させるような明確な行き方をわれわれはもっていない、ということを認めてかかる必要があります。私たちはこの暗い状況を承知の上で、私たちが将来放棄されることを希望していた方策のあるものを採用することにしたのであります。懸念をいだきながら——懸念があるのは当り前な話ですが——われわれは再軍備しつつある、原子兵器で武装しつつある、ほかの分野で再武装しているのです。深い懸念をいだきながら、軍事計画のみならず、技術情報と技術政策のうちで、それを知られれば敵の強制に服しやすくなり、実行上で効果をそがれると思われる要素を秘密にしつつあります。それがさきに述べたようなやり方をわれわれが早目に放棄したことのあさはかさと不誠実さを証拠だてるものだと見る人びとはいくらかいるようですけれども、この行き方に代わって受け入れられる行き方を考えつく人びとはたくさんはいません。しかしながら、わが国民の間や外国の友人の間で、あるいはわれわれの友人でない人びとの間ですらも、われわれのとりつつある方策が度を失したものに見えたり、全体として不十分なものに見えたりするにしても、それはすくなくとも効果を持っているに相違ないのです。その結果、われわれはどうしてもこれからさき秘密を旨とし、戦争の脅威に立ち向かう道をとらざるをえないように見えます。われわれが力を行使するということはまったく別として、われわれに原子兵器が存在するということだけで、世界は公開性と平和とに向かうことができるではないか、という議論が聞かれることは事実です。しかしそれがどのように実現するかについて、明瞭な、まとまった、ある程度当てになる説明は、今日何一つ与えられていない。弱気な政策がわれわれを失敗させたということを教訓として、私たちは私たちの過去を読むことにした、また多分すでにこれまで正しく読んできたのだと思います。けれども私たちはまだ、強気な政策がわれわれを救いうるという、納得のいく教訓のもとに、未来を読んだことはないのです。

時が流れて、未来が過去の歴史となったとき、私たちが未来について今日予見したもの、あるいは予見することのできたものがいかにわずかであったかが明らかとなることでしょう。ではどのようにしたら私たちは、もっていれば強みとなるような希望と敏感さとをもちつづけていけるでしょうか？　単に未来がもつ暗い不気味な要素を直視することだけが重要ではなく、それらの諸要素が未来を蔽《おお》いかくさないようにすることが重要であります。

わが国の最近の選挙〔トルーマン大統領再選の選挙〕は、将来の歴史のなかにある計り知れないものに対するこの深い意識に――思いがけないたのもしい転機を取り除いてはならぬという教訓に、触れているように思われました。選挙の直後人びとは、その結果そのものよりは一種の教訓に感動したようで、つぎのようなことをいいたがっていたのです。「さあ、こうなったら、きっと戦争が起こるぞなどと思わなくてもすみそうだぞ」。未来はわれわれの予想よりももっとゆたかで、もっと複雑である、そして新しい、希望にみちたものに敏感な知識が必要だ、と感ずるとすれば、おそらく政治がある程度成熟したことの兆候であると思われます。

内にかくされたもの、計り知れぬもの、未知のものを正当に扱うという課題は、もちろん政治に限られたものではありません。科学においてもそれは課題です。ありふれた個人的な事柄においても課題です。そしてそれは文学と万般の芸術の大きな課題です。その問題を解決する手段を、スタイルと呼ぶことがあります。肯定を限定と謙遜《けんそん》によって補足するのがスタイルである。絶対的にではなく有効に行動することを可能にするのがスタイルである。外交政策の領域では、一方でわれわれにとって重要な目的の追求と、他方で別の見方をもつ人びとの意見や感受性や切望に対する顧慮とを調和させるのがスタイルである。行動が不確定なものに対して払う敬意がスタイルである。何にもまして、力が理性に聴き従うときに用いるのがスタイルであります。

私たちは、強い国であることを銘記する必要がある。

現在予見できる未来がわれわれの希望する一切のもの、われわれの尊重する一切のものからいちじるしくはずれているときにあたって、われわれは希望を捨て去ったのでもなく、価値観を放棄したのでもないことを、実践によって、また事を処理するときの様式とスタイルによって明らかにすることができます。そのことを銘記する必要があるのです。間近な災厄を避けるためにわれわれが訴える具体的な手段が、希望と価値観とを否定するように見えるときですらも、私たちは銘記する必要があるのです。

わが国の過去は実例に富んでいます。かつての苦悶《くもん》の時代、連邦政府の基礎が試練を受け再検討された南北戦争のときに、力と理性との間の均衡を繰り返し正しく打ち出したのはリンカーンでありました。一八六三年までに、戦争と封鎖とは南軍の損耗を深めていました。そのためにイギリスの工場向けの棉花の供給も止まっていました。その年の初めに、リンカーンはマンチェスターの労働者に宛てて手紙を書いております。

「……政府が公共の安全のため必要があると認める政策から生まれる道徳的結果の大いさを拡げたりちぢめたりすることは、政府にできることではありません」

「私は、自己保存の義務がもっぱらアメリカ人民に属することをよく理解していますが、同時にまた、外国の好意または悪意が、わが国が従事している不忠誠者との闘争を拡げたり永びかせたりする上に重大な影響を持つことがあることを悟っていました。歴史を公正に吟味したおかげで、合衆国の過去の行動と影響力とは人類の利益であると一般に認められているという信念を正しいものと考えるようになりました。それゆえ私は諸国民の寛容を頼みとしてきたのであります……」

一五カ月後、リンカーンの死の一年前に、戦機は一変していました。彼はつぎのようにいうことができたのです。

「……三年前に戦争が始まったとき、交戦国のいずれの側でも、また誰しも戦争がいままで続くとは予期しませんでした。各人が今日よりもずっと前に、何らかの形で終戦となると期待したのです。いずれの側も、国内の奴隷制が戦争によって甚大な影響を受けることを予期してはいませんでした。しかしご覧のとおり、戦争はすんでいない、そして奴隷制は甚大な影響を蒙ったのです――それがどのくらい甚大なものであったかは、いまさらいうまでもないことです……」

「しかしわれわれは、過去を支配したと主張することはできないにしても、過去を見ることはできます。そして過去を見ながら、この際、将来に対していっそうの希望と確信を感じております……」

このような大度胸は、グラント〔南北戦争の北軍の総帥、十八代大統領〕にすらありました。彼は一年後アポマトックスで、はげしい殺し合いの彼方に目を注ぎ、自然と時の流れに心をくばって、リー〔南軍の将軍〕に向かっていったのでした——貴下の軍隊は馬を飼っておくべきである、春の耕作に馬を必要とするようになるであろうから、と。

　私たちは誰でも、最近の切迫した数年間におけるわれわれの行動をふり返って、われわれが政策の樹立や遂行の際に前述したような過去をはずかしめなかった事例を、一つならず見いだすことができるでしょう。私たちは誰でも、みずからにとって失われたように見えるかもしれぬ好機を、かつては開かれ今は閉ざされている扉を悔むことでしょう。たとえ危機の時代においても、スタイルの感覚、とらわれぬ心というものは、指令を発することによって養われるものではありません。それらのものは、かつてなかった偉大な行動、かつてなかった偉大な言葉を発すれば与えられるようなものでもありません。もしもそれらのものがまったく一人の人に関する事柄であったら、万事その人の才覚如何によって決まるといえるでしょうが、そんなものではない、ありえない、あるべきでもないのです。わが国の外交方針は、国民の理解と願望とを大規模に反映するでしょう。外交の具体的な、細目にわたる行政は、無数の男女の手に、わが外務当局——国務省と、国の内外で今日国務省を補佐している多数の機関の諸部局の官吏の手に必然的に握られています。われわれが事を処理するにあたって必要なスタイル、聡明さ、想像力およびとらわれぬ心がまえは、その処理が深い、広範な公衆の理解を反映するときにはじめて、必ずさまざまな能力と傾向と性格の人びとから成り立っている、組織の複合体に浸透することができるのです。以上はほんのあらましを述べたにすぎませんが、あえてこれを、関心ある熱心な市民皆さんの集まりに披《ひ》瀝《れき》することを適当と考えましたのは、右の理由によるのであります。私たちは答えを知っていたとあまりにも確信しすぎ、前途に希望はないとあまりにも確信しすぎましたが、未来の希望が失われないようにすることは、私たち次第なのであります。

原子兵器とアメリカの政策

この講演は、はじめニューヨーク・シティの外交関係協議会で一九五三年二月一七日におこなわれ、のち同会季刊誌『フォーリン・アフェアーズ』に掲載された。

過去の歴史に鑑みると、原子爆弾の現われ方はあの最初の閃光《せんこう》を放ったときとあまり変らぬ姿をとるであろうと思います。われわれは、当時の気分のせいもあり、またわれわれの技術開発について至極明確な予想をもっていたせいもあって、あの原子爆発は、単に恐ろしい大戦の終結だけではなしに、人類のこの種の戦争の終結をもたらすことになるのではないかという印象を受けました。

二年ののち、スティムソン大佐は『フォーリン・アフェアーズ』誌につぎのように書くことになりました。「分裂した原子は、制御されないままでは、われわれすべてにとってますます増大する脅威となるほかはない」（ヘンリー・L・スティムソン著「アメリカ人への挑戦」『フォーリン・アフェアーズ』誌一九四七年一〇月）。同じ節のなかで彼はこう書きました。「恒久の平和と自由とは、世界が必要な全体政府への道を見いだすまでは、達成されない」。それより以前、終戦直後に、アメリカ政府はこれらの見解に呼応して、友好的な、公開の、協力による方法で原子を処理するための、いくつかの穏当な提案をしました。これらの提案がその後どうなったかについては、論ずるまでもありません。それらはもうとっくの昔に死んでしまっているのですが、このことに関心をもったのはほんの少数の人びとでした。ソヴェト政府にとって公開性、友好的精神および協力は、尊重すべきものではなかったようです。

　友好に欠ける提案を工夫することは、われわれとして人知をこえることではなかったのです。ここでは、なぜそのような提案が出されないできたか、なぜそうすることが不適当でばかげたものに見えたかについて、理由を詳述する必要はありません。これらの理由には、対ソ折衝の特殊な困難さや、共産主義諸国の計画的な敵意と制度化された秘密主義とから生まれる特別の障碍《しょうがい》や、政治的取決めの見通しなしに世界の軍備を調整する手段を案出するという、より正常な、おなじみの難事とみなしうるものまで、いろいろのものが含まれています。

　われわれはソ連の敵対を示す多量な証拠、ソヴェトの力を示す増大する証拠、そしてわれわれが「自由世界」と呼びなれている側における弱さと不和と不統一のたくさんな、ほとんど不可避で、しかもしばしば悲劇的な諸要素と取り組むようになった、いな取り組みはじめたのであります。

　いろいろなことに気をとられているなかで、――その一つはまったく消極的なもので、別の一つは大変困難ではあるが積極的なものです――原子力もまた一つの単純な役割を与えられ、それにともなう政策もかなり単純なものでした。その役割というのは、盾の一部分となることで、その盾は、一部分はアメリカの偉大な産業力、一部分はソ連の軍事的弱点、それどころか政治的弱点から成り立っていたのです。「われわれは先頭を切っていよう。かならず敵に先んずるようにしよう」というのが、原子力のためのルールでした。

今日ともなれば、これらの考慮とこれらの政策がたとえどのように必要だとしても、それではもう十分ではないように思えるでしょう。その理由は、軍備競争の性格を見るならばわかることです。その理由は、内外における原子力開発の進行予定表を、世界で起こりそうに思われる根本的な政治的変化の進行予定表と比べてみるならばわかることであります。

「軍備競争に注目しよう」というのはやさしいことです。私は他でもなく軍備競争について話さなければならない。他でもなく軍備競争の本質を明らかにしなければならない。そしてこれが私がしようと思っていることであります。

この競争に乗り出した国は三つあります。イギリス――歴史と伝統から見てわれわれにあれほど身近く、あれほど能力に富み、しかも苦境に立つ国が、われわれとは別個に軍備をおこなうとは不幸なことであるということだけは留意する必要があります——、それからわが国、そしてソ連の三国であります。

ソ連についていえば、同国が三回の原爆実験をおこなったこと、そして相当量の核分裂性物質をつくり出しつつあることが最近公式に言明されており、したがってこれからも公認のもとに繰り返されるかもしれません。私はその証拠をお見せしたいのですが、それはできないのです。われわれが出せるのは、一言の警告であります。すなわち出せる証拠というのは、真実を示す証拠であるよりもむしろソ連政府がわれわれに何を考えてもらいたがっているかを示す証拠です。私は、この原子兵器の分野でソ連がわが国に対してどのような立場にあるかについて、私自身の思いつきの、大ざっぱな推量を述べてもよいと思います。これは他の軍備に触れるものではありません。私の考えでは、ソ連はわが国よりも約四年立ちおくれている。そして、ソ連の活動の規模は、四年前のわが国の規模ほど大きくない、と私は考えます。当時のわが国の規模の半分くらいのものと思えばよいでしょう。この推定は他の情報とも符合しています。しかしどうやっても証明はできません。

こういえば、ホッと安心されると思います。首位を保持するという仕事が遺憾なく完遂されつつあるかのように聞えます。しかしそれが何を意味するかを吟味するためには、ソ連が四年おくれているということはどういうことなのか、情勢はどんなに急速に変りがちなものであるか、そしてわが国の規模の半分だということはどういうことなのかについて、認識しなくてはなりません。

広島を爆撃したときは、飛行機は一機でした。空軍の抵抗は全然見られませんでした。爆撃機は中位の高度で、やや低速で、広島上空をまっすぐに飛びました。そして、TNT爆薬の約一万五〇〇〇トンのエネルギー放出量を持つ一個の爆弾を投下しました。これによって七万人以上の人が殺され、ほぼ同数の負傷者を出しました。この爆弾は中都市を一つほとんど破壊したわけです。これがわれわれの心にとどめたことでした。しかしわれわれはまた、それが爆弾一個の問題ではないと心にとどめ、そう発言しました。それは爆弾一〇個の問題となり、一〇〇個、一〇〇〇個、一万個、そして多分一〇万個の問題となるだろう。それはTNT爆楽一万トンの問題ではなくて、一〇万トン、それから一〇〇万トン、一〇〇〇万トン、そして多分一億トンの問題であることを、われわれは知っていた。いや認識していなかったかもしれない。われわれはそう考えるべきだったのです。

原子爆弾は、ほとんど完全な制空権のあったところで行動する低速中型爆撃機で搬送できるだけではなく、もっと現代的な、もっと柔軟性のある、もっと阻止困難な、予想される戦闘に適した搬送方法に適応できることを、われわれは知っていました。

今日ではすべて準備が整っています。われわれがこれらの事柄においてどんな位置にあるかを、正確にではなくとも量的に、信頼できる情報としてもつべきである、情勢がいかに急速に変ったかについて、またこれからの三年、四年または五年先に、われわれがどのような位置にあるかについて、正しい考えを持つべきである、というのが私の意見であります。なぜわれわれみながこれらの事柄について知ることを私が大切と考えるかという理由に立ちもどることにしましょう。私はそれらの理由について文書を出すわけにはまいりません。

私にいえることはつぎのようなことです。私はいままで、科学者であれ政治家であれ、また市民であれ政府の役人であれ、さまざまな責任ある人びとの集まり、しっかりと事実を見ることのできる集団とこれらのことについて腹蔵なく話し合ったことがありますが、その際、どの集団も深い懸念と憂慮を抱くことになったということです。私たちにいえる最小限のことは、一〇年先のことを考えたら、ソ連が四年おくれているということは大した慰めになりそうもない、ソ連がわが国の約半分の規模しか持っていないということは大した慰めになりそうもない、ということです。私たちが結論できる最小限のことは、わが二万個目の爆弾は、大戦争の巨大な武器補給線を充たすかもしれないが、戦略的にどう掘り下げて考えても、相手側の二〇〇〇個目の爆弾を帳消しにはしないだろう、ということです。私たちにいえる最小限のことは、ゴードン・ディーン氏が強調したように、狭義の技術的見地から考えると、原爆の搬送法と防禦法とが原子兵器の数における優位よりもはるかに重要性を持つようになるだろうということであります。

軍備競争には、ほかの面があります。周知のことかもしれませんが、述べておく価値があります。われわれは原子爆弾を、もしかするとドイツがそれに手をつけるかもしれないという恐怖に駆られて開発しました。われわれは日本に対する原爆の使用について仔細に考慮しました。この徹底的な考慮を提唱し主宰したのはスティムソン大佐でした。われわれは原爆を使用すべきだと決定しました。原子力活動を大いに発展させ、大いに増大させました。この成長は、技術的には自然であっても、不可避ではありませんでした。もし議会が予算の支出を認めなかったら、それは起こらなかったでしょう。われわれは、わが国の原爆貯蔵量とわが兵器の力を増大させる決定を下しました。われわれは最初から、これらの兵器を自由に使用すべきだと主張していました。そしてわれわれがそれを使用しようと計画していることは一般に知られていたのです。この計画は、敵に対する非常に大量の、手はじめの、仮借のない戦略攻撃であり重大な責任を伴うということも、一般に知られていたことです。

この軍備競争には、ほかにもいくつかの特徴があります。原子兵器に対するわが国の防衛方策は、ほとんどなされていませんし、ヨーロッパのわが同盟諸国を防衛するという、さらにずっと悲壮で困難な課題については、なおのこと手がつけられていません。これは先行きやさしい問題となるとは見込めません。

原子兵器は、ソヴェト政府を牽制する兵器でもなければ、開戦となったとき、戦争を終結してくれる手段の一つでもありません。それはおそらく、ヨーロッパにおける大戦闘が長期の、苦しい、大規模な「朝鮮戦争」にならないようにするために誰しも心に浮かべる唯一の軍事的手段に近いものといえましょう。それはソ連とアメリカを互いに接触させる——きわめて不愉快な、危険な接触ですが——唯一の軍事的用具であります。

原子兵器は、周知のように、ヨーロッパ防衛計画に編入されました。原子兵器は、対潜水艦戦や空中戦や、ヨーロッパ戦場における地上戦闘に見られるように、多くの戦術的な軍事用途のために発展させられてきました。そしてこれら兵器の応用可能性は現にますます多岐にわかれ、増大し続けています。ところがヨーロッパ人はこれらの兵器がどのようなものであるか、どれくらいあるものか、その用法と機能について、どちらかといえば無知であります。したがって、原子兵器がヨーロッパにとって、効果的な防衛のために緊急に求められている希望の的であるとともに、わが国にとってよりもさらに大きいといえる恐るべき危険物であるということは、将来あらためて一言する必要があると思います。

以上述べたことがこの軍備競争の特徴でありますが、政策が非常に硬直していることと、一つの必殺の武器が両陣営で、恐ろしい速さで蓄積されていることを特色としています。わが国の将来について語る内容を考えるとき、思慮深い人びとが話合いを終るときに味わう重苦しい気分は理解できないものではありません。誰でもが起こってほしいと思っていることが二つあります。ただし、それらが近く起きるだろうと確信している人は、いたとしても知れたものです。二つのうちの一つは、敵側がすみやかに、快いほどすみやかに態度をあらためるか、さもなければ崩壊することです。もう一つは、一般的な政治的取決め――わが国が一当事国として加わりうる、受容できうるような、望みのある、立派でしかも人道的な取決め――の一部としての軍備制限であります。

これらには、つじつまのあわないようなものは何一つありません。しかしそれが近い将来に実現しそうだとは思えないのです。われわれの大多数とほとんどすべてのヨーロッパ人は、近い将来に戦争が勃発することを一つの災禍とみなしているように見えます。したがって、われわれは紛争と緊張と軍備をともなう長期の冷戦に直面しているのであろう、というのが圧倒的な見方です。すると、まさにつぎのことが問題となります。つまり、この期間に、原子の時計はだんだん速く時を刻むようになる。二大強国が、おのおの自国の文明と生命を賭さないわけにはいかないにしても、他国の文明と生命とを終焉《しゅうえん》させうる立場にあるような事態が予想される。われわれは、双方いずれも他方を殺すことはできるが、その際自分の生命を賭さずにはいられないという、壜のなかの二匹のさそりにたとえられましょう。

この見通しは、心を平静にするのに役立ちそうもありません。そして、お伝えしなければならぬ基本的な事実というのは、理性的な人びとが現代の政治的紛争を合理的に緩和し、ひいては変化させることについて自信を持つようになるまでの時間に比べて、紛争が起こってしまうまでの時間の方が短い、ということであります。

この見通しに立てば、われわれはみずから援助と知恵と機略のすべてを集めなければなりません。これは、どう転んでも、非常につらい苦境です。ここでわれわれが銘記すべきことが三つあります。三つともきびしい事実です。どの一つを忘れても危険です。第一はソ連の敵意と力です。第二は、自由世界の友邦諸国の側にある一抹の弱さ──統一の必要、安定の必要、軍事力の必要です。そして第三は原子力のますます増大する危険性であります。

もしこの第三のものを忘れるとすれば、問題の解決は容易ではないまでも簡単であります。第一のものを忘れるとすれば、ことは容易であります。ところが三つのこと全部を記憶しているならば、ことはむずかしい。しかも、この三つはすべて存在しているのです。

われわれは、最大限の行動の自由を必要としている。われわれは、原子力使用計画が、すべてを考慮した上で、正しいのか間違っているのかを問うことのできる強さを必要としている。われわれは、将来いつの日にか話合いの機会が生じたならば、話合いのために必要な行動の自由を必要とする──しかも今日、われわれにはそれがないのです。

この行動の自由をわれわれのものとするためには、多くのことが必要とされるでしょう。われわれはそのうちのあるものについては書くことができませんが、それはそうしたことがわれわれのもとで起こっていないからです。またそのあるものについて書くことができないのは、それが公式の話合い以外のところでは不適当だからです。

ところで事態改善の道は三つあります。それらは至極明白で、重要で、確かに有益なものですから、手短かにそれらを論じたいと思います。第一は、この苦難の時代に、わが国のような国、わが政府のような政府のもっている固有の力を、われわれの身近なものにすることと関連しています。これらの力は、今日利用できるようになっていません。第二は、同盟のなかに結び合わされていながらも、その同盟および全加盟国の運命にかかわる問題を討議することから締め出されている諸政府の力を利用できるようにすることと関連しています。第三は、さきに述べた危険を取り除き、緩和し、減少させる処置を講ずることと関連しています。この三つを一つ一つ論じましょう。

その第一は率直さです——合衆国政府職員の側に必要な、自国の役人、代議士、国民に対する率直さであります。われわれの選択を制約し決定する重要な事実、肝腎の条件が知らされずにいるときには、私たちはうまい具合に動けません。それらのものが内緒でおずおずしながらほんのわずかの人だけに知らされているときには、私たちはうまい具合に動けません。

ここで概略を述べた原子力軍備競争の一般的な説明が、たくさんの詳細な情報——ほんとうのものもあるが、概して嘘のものが多い——と一緒に新聞雑誌のなかに見いだされうることはいうまでもありません。このような公表されたうわさ、事実、新聞発表および臆測のかたまりからは、分析してみると、かなり充実した真実の心《しん》を取り出すことはできましょうけれども、そのままでは、それは真実ではありません。このような虚報はとるにたらないと思われるかもしれませんが、それがどんなことになるかをよく示している二つの例を想い出すことにしましょう。

ソヴェトの原子兵器製造能力について、私たちの知っている事実の通報を受けている合衆国の前大統領が、証拠にもとづく結論に対して疑問を公式に表明するようなことがあるとすれば、それはおだやかならぬことに相違ありません。これはおそらく一切が秘密になっているために、話をすることも、考えることも、理解することもできなかったことによるのでしょう。最近表明されたこのような疑問が、二人の人によって、——一人は戦時中マンハッタン管区の大計画の一つを統率した高名の科学者、一人はマンハッタン管区の全責任を負っていた優秀な将校——によって是認されるとなると、それはけしからぬことに相違ありません。この御両人は、これらの問題に関係ある政府機関のいずれにも現在は働いておらず、したがって情報に接していなかったのです。こんなわけで、彼らの助言はむだであり、彼らの公けの勧告は間違っているのです。

第二の例はさらにそれ以上のことを示すかもしれません。これはわずか数カ月前のことですが、合衆国の大陸防衛に関するきわめて重大な討議の際、防空管区のある高級将校がつぎのようにいいました。――攻撃力を守ることがわれわれの方針であって、わが国を守ることは実はわれわれの方針ではない、なぜかといえば、それはあまりにも大事業であるために、国を守るとなるとわが軍の報復能力を阻害することになるからである、と。こんなばかげたことは、たとえ事実を知っていても事実について討論ができないとき、また事実が秘密にされすぎているために討論もできず、したがって考えることもできないようなときにしか起こりえないものであります。

わが国の政治的生命力は、主として二つの源泉から発します。その一つは、政策樹立に関与する多くのさまざまな立法および司法の諸機関における意見の対立と討論、相互作用です。もう一つは、真実を知っているという確信にもとづいた世論であります。

今日、この分野には世論は存在することができません。いやしくも責任をわきまえた人であれば、真実を知る者が誰かほかにいると信じ、自分はそれを知らないと信じている分野では、誰しも意見を出そうなどとはしないものです。戦争の危険のなかにわれわれが生きているかぎり、常時ではなくてもすくなくともある適当な期間、守らねばならぬ秘密というものがあり、またいつでも存在するだろうことは事実であります。これらの秘密のあるもの、しかも重要なものが原子力の分野に存在しています。しかしわが国の原子兵器の特徴と予想される効果、使用可能なだいたいの個数、それからつぎの数年間に起こると思われる変化――こうしたものは、秘密にしなければならぬ事柄には属していません。敵国の状態に関するわれわれの一般的推測もまた同様であります。

この基礎的な情報を公表することには、多くの反対論が唱えられてきました。その議論のうちには、意味のあるものもありました。その一つは、重要な情報を敵に与えることになりはしないかという意見です。私自身の考えでは、敵はこの情報を持っています。公表されている情報を分析する労をいとわなければ、誰にでも得られるものなのです。民間の市民はこんなことはしませんが、敵はやっていると思わなければなりません。それはほかの手段によっても大体入手できます。敵がこうした基礎的な事実を知っているとしても、それは世界平和のためによいことである、大いによいことである、敵が知らないとすれば、それこそ危険至極である――というのが、私の見解であります。

もう一つ心配の種があります――現状を公衆が知ることは、わが国に絶望的な気分をもたらしはしまいか、あるいは軽々しく予防戦争と称されているものを性急に正当化することにはなるまいか、というのがそれです。われわれがこの猛虎の眼をにらみつけていないかぎり、あらゆる危険のうちで最悪の危険に陥るであろう、後ずさりしては虎に食われてしまうだろう、と私は信じています。もっと一般的にいうならば、わが国のような国家は、もしわれわれがわが国民を恐れるようなことがあれば、真の意味で永続きするだろうとは思えないのであります。

第一の、しかも最善の方策として、どう考えても現在敵が知っているに相違ない事柄を公表するだけの勇気と聡明さがわれわれには必要です。すなわち、原爆軍備競争とはどういうものであるかを、概略ではあっても、信頼できる、量的な表現で説明することです。わが政府がよくやったように、われわれは「多大の進歩」を遂げた、というだけでは不十分であります。アメリカ国民が信頼すべき情報を与えられているならば、われわれの直面する難問題を解決したとまではいかないにせよ、われわれはこれと対決することができるようになるでしょう。

また、われわれの主要同盟国との関係においては率直さが必要となります。日本人は原爆攻撃にさらされています。しかも適当な対抗手段を発展させることは至難であるといえましょう。アメリカの利点となっている大きな空間は、日本にとっては利点とはなりません。それはフランスにとっても利点ではない。イギリスにとっても利点ではない。現にいくつかの原子兵器搬送法が存在していて、それらを阻止することは手に負えない問題となっており、それらの搬送法はヨーロッパを特徴づける小距離にはもってこいであります。それらが大陸間の搬送に適切なものとなるには、すくなくともある期間を要することでしょう。もしソ連が原爆攻撃をなしうること、自国も被害を蒙らずにはすまないにしても、ほとんど阻止したり避けたりできないような仕方でいとも容易に攻撃しうることを、ヨーロッパ諸国に思い知らせる気になったときに、ヨーロッパ諸国は恐怖を感ずることでしょう。

これまでイギリスおよびカナダとの技術協力を主張する議論がなされてきました。それらはしばしばもっともと思われました。ＮＡＴＯ諸国政府、およびこれと関係のある責任ある司令官との軍事的協力を可とする議論もありました。ブラドリーおよびコリンズの両将軍はともにこの必要性を説いていますが、それは一つにはわれわれの盟邦に対し、原子爆弾は万能ではないこと——画期的な性能はあるが、唯一のものではないということを説明するためでした。技術協力は確かに、有効な計画樹立とヨーロッパ防衛の成功のための前提条件であります。

しかし、もっと一般的な理由がたくさんあります。わが国とわが同盟諸国とは、一緒にこの長期にわたるたたかいをしております。われわれの行動はヨーロッパの運命に影響するでしょうし、ヨーロッパの行動はわれわれの運命に影響するでしょう。したがって、われわれの共同の問題の大半が共同で話し合われないとすると、われわれは賢明な行動をとることはできないのです。このことは、われわれが行動を束縛すべきだということを意味しません。われわれは情報を交換し相談すべきだということを意味しております。こうすれば、わが国のヨーロッパとの関係には、健全な、そしておそらくは非常に大きな変化がもたらされることでしょう。

極東への影響が全然ないとは明言できません。わが国が朝鮮で原子兵器を使用しないおもな理由は、わが盟邦諸国がそれを好まないからである、と書かれているのを読むのは困ったことであります。朝鮮で原子兵器を使用するのは正しいか、間違いかをここで論ずる必要はありません。いずれにせよ、われわれの判断というものは、情報の少ない他国政府がわれわれと意見を異にしているという事実よりも、もっとはるかにしっかりした根拠にもとづいているべきであります。日本、イギリス、その他直接の関連ある多くの国の政府が問題の核心が何であるかについて考えを持つことは至当なことであります。

国内において率直な態度が確保できれば――原子力に関して国民、代議士、役人に対して筋の通った態度がとられれば、盟邦諸国を相手とする問題がそれほど厄介なものでなくなることは明らかであります。というのは、国民と盟邦諸国との双方が必要とし理解するべきものは、同じ情報、同じ事実のあらましであるからです。

第三の点はもっと明瞭だといえましょう。わが国民、われわれの生命、われわれの施設、都市を守るために、原子兵器に対して真実の意味で恒久的な解決策となるような手段をとれるとは、今日われわれとしては確信がもちきれませんし、私も確信がもてるとは信じておりません。しかしそうであるからといって、それは現在われわれがしていることよりも、少しでもよいことをしない理由とはならないのです。

周知のように、現在主流をなす見解はあまり楽観的ではありません。つい先頃、ヴァンデンバーグ将軍が、われわれは運がよければ敵の攻撃の二〇ないし三〇パーセントを阻止できるだろうと推算しました。ところで原爆の個数と死傷者数を考え、わが国の中心部が破壊されるということを考えると、このことは安心できるものではありません。ここ何カ月かの間、ロヴェット国防長官によって任命され、現在ウィルソン国防長官に報告しつつある、専門家よりなる一委員会は、マーヴィン・ケリ博士を議長として、大陸防衛に関する複雑な技術上の諸問題を研究してきました。この分野ではまだ応用されてはいませんが、きっと役に立つと思われる幾多の技術開発があります。それらは、弾薬、飛行機、ロケットおよび情報の受信と分析の方法におけるありうべき、しかもいちじるしい開発であります。わけても、空間の効果的な利用という骨折り甲斐のある問題があります。ソ連と合衆国との間には空間があるのです。この委員会は、原子力問題に真剣に関与した集団がみなそうであったように、全面的圧迫を受け難渋したようであります。それでも、この委員会が、われわれの生命と国家を守るための賢明な方途を勧告するであろうことは、疑いを容れません。

　このような方策には当然ながら多種多様の意味があります。まず第一に、迫り来る脅威を多少ともおくらせるということを意味するでしょう。それらは、ソ連に対して戦争への刺激をやわらげる、戦争抑止的なブレーキの意味を持つでしょう。それらは、ソ連がアメリカの生産力を破壊する確信を持ちうる時期を、多少とも先へ押しやる――われわれが何もしなかったときよりも、はるか先の方へ押しやるだろう、ということを意味します。それらは、われわれよりもうんと攻撃の危険にさらされており、多分、十分な防衛ができまいと思われるわが盟邦諸国にとってさえ、強力なアメリカの存続が戦争の勃発を食い止める強固な保障となるであろう、ということを意味するでしょう。

軍備制限に関する真剣な討議をする時期が到来した暁には、効果的な防衛が大きな重要性を帯びるといえます。そのときまでに、原子兵器用資材は大量に蓄積されることになり、厄介な財務問題が生まれるでしょう——もしもわれわれが、依然として今日の世界にある疑惑と敵意と秘密主義の伝統をもち続けるとすれば、実に厄介な財務問題です。こうなると大幅の、骨太の軍備制限が必要となってきます。この軍備制限のもとでは、保有される軍隊と兵器は、一強国が他の強国を撃滅するに必要とされるものよりまったく数のうえで少なくなり、また、この制限をごまかす方法をとるにしても、隠しておくにはあまりに大きすぎるか、あるいは、そのとき存在する防衛手段から考えて、決定的な戦略効果を持つにはあまりに小さすぎるものとなるでしょう。こうして、防衛と軍備制限とは互いに相補う必要条件となりうるわけです。そしてこの場合もまた、われわれが攻撃から免れるために効果的におこなうすべてのことは、われわれに行動の自由を増大させる手段を与える助けとなってくれるでしょう。

以上がわれわれの採りうる三つの道であります。どの一つをとってみても、まったく新しい提案ではありません。それらは長年月にわたって討議されてきたものですが、行動に移されはしませんでした。私の見解では、それらはいかなる意味でも決して一般に理解されていません。われわれにとっても、またわれわれの制度にとっても、大原爆戦争は何回も起こらないだろうということを、われわれははっきりさせる必要があります。原爆戦争は一回もあってはならぬということこそ肝腎なことです。われわれは、みずからの運命を形成するために、われわれのもつ偉大な力を発揮させる必要があるのであります。

科学と現代

この稿は *Bulletin of the Atomic Scientists*『原子科学者月報』一九五六年九月号に掲載されたものである。

現代は科学によって深く特徴づけられてきた。われわれが科学をどう考えるかで、未来はきまるであろう。科学は人間の持つ力と理性とに対する偉大な誓約であるが、それはまた力と理性の限界に対する誓約でもあるのである。

われわれの救いのなさとわれわれの偉大な力をふたつながら知らなかったとしたら、だれしも新しい発見を経験することはなかったはずであり、神秘が理解と秩序へと変り、それがさらにより大きな神秘へと移り変っていくさまを目撃することもなかったはずである。科学の支持する人間観によると、人間とはいじらしいほど無能である、否おかしいほど無能であるが、そのくせ人間特有の威厳と希望とを兼ね具えているものである。これは、啓蒙時代の人間観であり、アメリカ建国時代の人間観である。この見方は、ストア派哲学の教義と精神とによく調和し、近代世界の出現を特徴づけた、ストア派の伝統とキリスト教的感受性との混合物とよく調和しているように思われる。科学を輝かしい、希望に満ちたものと見る考え方は、二十世紀のはじめごろ、われわれの子供時代を通じてまだ盛んであったが、少数の識者はすでに不安の種子を見いだして懸念してはいたのである。例えば、ヘンリ・アダムス〔H・B・アダムス（Henry Brooks Adams 1838～1918）歴史学者〕と、専門家および機械の出現に対して彼が述べた見解を考えてみるとよい。

アメリカ合衆国の建国者のうちで、われわれがフランクリンとジェファーソンを思い起こすのは当然である。彼らは二人とも、政治家であると同時に、本当の意味での科学者であった。彼らは科学を、アメリカの受けついだ遺産の本質的な部分だと見ていた。彼らは、科学が悲惨と貧困と不潔とに対抗する強力な道具であることを、はじめて見てとった。彼らは、科学がアメリカ人の生活の福祉と文化とに貢献することを、正しくも理解していた。彼らは知性的に見た科学というものを、無知と迷信に対する防禦物と考え、政治的に見た科学は、過去数世紀間の宗教戦争や宗教裁判、そして暗黒時代の専制や暴虐や抑圧や偏執に対抗する防禦物と考えた。彼らにとっては、科学と相容れないものはただ権威主義だけであったが、その権威主義によってアメリカが暗黒とされるようなことがあってはならぬと、決意していたのであった。

それ以来経過した二世紀足らずの歳月は、二人が予想した約束以上のものを実現させた。最近数年の間に、われわれは化学、生化学および遺伝学における諸発見を通じて長足の進歩を遂げ、生命の起源とその特徴である安定性、多様性、変異性および形式を理解するほどまでになった。われわれは、大昔の地球上を支配していた諸条件のもとで、どのようにして生命の特徴である有機物質がほぼ必然的に無機物質から形成されるようになったかを、理解している。ある種の核酸の特徴——すなわち符号化し、情報を保持し伝達するということのなかに、われわれはどのようにして生物がその子孫に指示してカビや象やチューリップや、あるいは人間とならせるのかを理解する端緒を得ている。われわれは、一〇〇年前にこの地球の鉱物について知っていたよりももっとくわしく、今日では星や銀河のことを理解している。輝いては暗くなり、消え去っては爆発し、再びチリからできるといった、星の進化と歴史のことまでがすくなからずわかっている。昔からの問題である物質の構成ということにも、解答を見いだそうとしているところである。この分野では、われわれは今日、新奇さと逆説と戸惑いにひどく悩まされているために、前途に巨大な、未知の、新しい秩序が発見されるのを待っているという感じから脱け出すことができない。いまとなってはじめて、われわれは知覚と記憶の仕組みについて、若干学びはじめているのである。理性的な機能——例えば加算と減算の能力——や記憶そのものを保持すること自体、感覚中枢に対する、それと気づかぬ刺激の不断の流れを必要とすることを、われわれは知っているのである。

科学応用の実際的な結果は、われわれの身辺いたるところにある。科学の応用は、われわれが生きている、きわめて新しい世界に貢献してきた。このような結果のなかには、はなはだ厄介なものがあり、少し触れるとすると、今日良くもあり悪くもあるものがたくさんある。自動車、テレビのブラウン管、抗生物質などがそれで、それらについては多分われわれが過去に注いできた知恵よりも多少ともより大きな知恵を必要とするように思われる。しかし科学の応用が人間の苦痛をやわらげ、人間に課せられた苛酷きわまる限界をゆるめ、人間の幾久しい宿望にこたえたこともまた、特徴的、圧倒的な事実である。われわれの寿命は延び、動物のように労働することも飢餓に悩むことも少なくなり、快適な気持を味わう機会も病気から助かる機会も多くなり、夢にも思わなかったような気楽さで、旅行し、通信し、勉強している。奴隷や身売りはもう必要でなくなった。

このような変化が、世界のすみずみまで普及しなければならないということが、現代の特徴である。世界は、半分だけ暗黒で半分だけ光がさしているという状態に堪えることはできないのである。今日、アジアとアフリカの人びとが奮起しているのをわれわれは見ている。もちろんこれがすべてではないが、変化させる必要と変化しつつある現実との大きな中心的部分であり、最も永続的な部分であることは確かである。われわれが学びとったことは、やすやすとは失われないであろう。いったん学んだ知識は、人間が生き続けるかぎり、世界をおおう暗黒のなかにたやすくは没し去らないであろう。知識が与えるもろもろの力は、人類に実に多くのものを提供するものであるから、科学が足踏みしたり、後もどりしたりする余地はない。なるほどかつて暗黒時代と呼ばれるものがあったが、それも世界のさまざまな文明の一つに影響しただけであった。あの時代に無視された知識も、大部分がほかのところで生き残ったし、衰微した諸科学も、ギリシアおよびヘレニズムの時代には、やっと生まれたばかりのひよわさで、道具や力や成功や応用や、あるいは現代科学の特徴となっている、あの爆発しかねまじき累積的な性格をかちとるまでになっていなかった。知識の累積性という意味において、人間の進路は今や逆行することはできない。この意味において、進歩は避けがたいのである。

ここで私は、科学の偉大な発達がわれわれにとって新しく創り出したたくさんの問題のうちで、二つのものを見さだめたいと思う。両問題とも私には重大なものに思われる。この二つの問題は、現代われわれについてまわることを学ばねばならないが、この二つにごく直接的な関連があるようには思えない。その一つは、知識によって可能となるいろいろな力に関する問題であり、もう一つは、知識のこの爆発的な発達がわれわれの文化の性質に与える影響に関するものである。新しい状況のなかで厄介な事柄は、たやすく改めようのないものかもしれない。われわれはまずそのことを理解することから始めねばならない。

知識が力を生み出すこと、そしていろいろな力のうちには、邪悪な力もありうることは、なにも耳新しいことではない。近代科学には、そのような知識がたくさんある。そのような知識は、なくしてしまうわけにはいかない。それはひとたび行使すれば災害を招くような、さまざまな力へと導くものである。最も深刻とはいわぬまでも、最も身近な実例は、核兵器の発見であり、それと結びついた戦争機械である。こういったものは、人類の大部分に対して、破滅と死というぞっとするような予想をもたらし、未来の恐ろしい現実についての天啓的な見通しをもたらした。人間が、他の多くの生物とともに、その遺伝形質を失うかもしれぬとか、種としての存在を絶つであろうとかいう予想について、いままで多くのことがいわれてきた。いつかは、遠からぬうちに、そうしたことがありうるかもしれない。しかしそれよりもっと確実で、もっとさし迫った予測は、われわれが人類の遺産の多くのもの、わが文明と人間性とをつくりなした多くのもの、われわれの生活の実に多くのものを、失うだろうということである。

善と悪という、さらに重大な問題の起源は、生物学の長足の進歩のなかに見られる。そして、それよりもはるかに多く、人間の精神、信念、学問、記憶、そして人間のやりそうな行為についての理解のそもそものはじまりのなかに見られる。今日、われわれはこのような事柄についてほとんど知るところがない。われわれは、啓発と理解のかけらを少しばかり持ち合わせているが、これとても筋道立った正確な知識の確かな集大成といったものとは何のつながりもない。今日われわれが、人間の振舞いを従来よりもうまく予測するための技術的手段を持っているとしても、その改善の程度はせいぜい知れたものである。人びとの思考や行為をあやつることのできるような、いっそう大きくて、いっそう確実な知識があるとしたら、これに対してわれわれはどのように賢明に立ちむかえばいいのだろうか？　そのような時代の前兆は、洗脳と宣伝の双方に現われている。この二つは、粗雑な心理学の知識が高級通信技術と野合したものである。

これらの大きな力の問題は、世界を形づくっている六〇カ国政府の自治によって容易に処理できるものではないし、そのうちのいくつかの最良の政府の特徴となっている力を、あまり理解されない、手の込んだやり方で分散させてみたところでたやすく対処できるものではないし、また、各国政府の間に共通のやり方や共通の人間観が失われたところでおいそれと片づくものでもない。この問題は共産主義列強によっても楽な問題ではない。共産主義諸国が他の社会と協同することを拒み、敵対の永い伝統を保ち、権力にむかって極端な、病的な偏執を試みたところで、容易に片づくものではない。この問題は、ヨーロッパによる支配の歴史によって民族的高揚への熱情をかき立てられ、西欧の遺産に対する低い、きびしい評価とを積み重ねてきた巨大な大陸世界の経験によっても片づくものではない。いやしくも現実の、またさし迫った意味においては、それは解決可能の問題であるとは思えないのである。天啓の脅威の可能性はこれから永い間われわれとともにあるであろう。天啓は来るかもしれないのである。

　われわれがやっと認めうるのは、永い目で見て有望になるかもしれない一つの進路——共通の知識と理解を増進させながら、誠実で活気に満ちた国際共同社会を創り出す輪廓のきわめてぼんやりとした姿だけであろう。そのような共同社会のうちでも、科学とその応用に結びついた社会、希望と危険とがいとも緊密に混ざり合っている社会こそ、創り出すには大変骨が折れるとしても、われわれの未来にとっては最も希望に満ちたもののように見える。実際それこそが今次大戦の終結にあたって、原爆製造計画に参加していた多くの人びとが胸に描いた希望であった。この希望の大部分は、一九四六年のはじめに、当時の言葉で、原子力の開発にあたって「協力が競争にとってかわる」方法を説いた、アチソン＝リリエンソール報告に具現された。多分、世界はまだ時期が熟さなかったか、用意ができていなかったのであろう。多分、われわれの用意が十分ととのっていなかったのであろう。少なくともソ連政府の用意ができていなかったことは確かである。

またの機会が見いだせるであろうか？　見いだせるかもしれない。広大な科学の領域、そこに科学が予告する恩恵と悲惨のすべてを眺めるとき、いまの問いに対する答えは「イエス」だと私は考える。

科学がわれわれにもたらした新しい第二の要素は、第一の問題と同じように、尺度が変化したことである。これはまったく新しいものではないが、第一のものと同じく、諸科学の偉大な成功に、本来的、必然的にともなうものである。最近の過去において学びとられたものが、それより昔の全人類史を通じて学びとられたもの以上のものであることは、なにも目新しいことではない。人びとは十八世紀のことを述べたが、それは正しかったし、いまなお依然として正しい。

　専門書や学術雑誌にのっている実証的な知識、新しく正しく興味深いそのすべてが、知恵というものでないことはもちろんである。時には知恵と相容れないと思われることすらある。そのような実証的な知識は、一世代も経たぬうちに、多分一〇年も経てば倍になると私は思う。それはつまりこういうことである。自然界について知らねばならぬことの大部分は、その人が学校へ行っていた頃には発見されていなかったことになる。普遍的な知識というものはいつも、レオナルド・ダ・ヴィンチの頃にさえも一つの夢であり、しかもどうでもいいような夢想ではなかったが、その夢は損なわれてしまった。専門化した科学、例えば遺伝学とか、天体物理学とか、数学とかは手の指のようなものであって、それらはみな常識という共同の母胎から、人間の日常経験、歴史、伝統、言語から生まれた。その科学のおのおのが、いまやそれ自身の生命・経験・言語を発展させつつあるので、一本一本の指先の間にはめったに交渉が起こらない。幾世紀もの間、数学と物理学とはたがいに手をとり合って成長し、たのしい共生をしてきた。ところが今日では、この二つの科学の成長する指先はなかなか触れ合わない。論理学、心理学、哲学は永いこと同じ部屋のなかで、しかもしばしば同じ人間によって研究されていた。ところが今日では、この三つの学問はめったに口をきき合うことがなく、理解し合うこと、否うわさをし合うことにいたってはさらにまれである。一つの専門科学についての、深くて詳しくて身近で、情愛がこもっているといってもよいような知識は、科学を全体として概観する見方のなかでは影を没してしまう。このような変化は、無知が現代の一般的・普遍的な特色であることを意味する。この変化が、教育の諸問題に本質的なかかわりを持つことは明らかである。

自由な世界にあっては、いつまでも自由であるためには、われわれは必要とあれば生命がけで、生命をかけることはないにしても生涯をかけて、どんなことでも学ぶ機会を持ち続けていかねばならぬ。いやそればかりではない。われわれは人間の好奇心と理解力と愛情とをいつくしんで、人間が本当に学べるように、新しくて堅固で深いものを学べるようにする必要がある。われわれは、科学の応用がつくり出したいろいろな変化と、遠隔のさまざまな地方から伝わるコミュニケーションの騒音とが、知識そのものの爆発的な成長から生まれる不羈《ふき》奔放の効果に輪をかけるような世界にあっては、ぜひともそうする必要がある。それというのも、物理学の前線や心理学から伝わってくる、変化についてのわけのわからぬ風説の方が、中国やケニアあたりのうわさ話を聞くよりも、はるかに深刻な不安を呼び起こしかねないからである。そのような風説は、人間の理性を絶望させることになる。知識に対する際限のない探求のたよりなさについてのうわさを聞かされると、途方にくれた人びとは、ちょうど科学の魔力についてのうわさを聞いて人間の勝利を非人間的に信じ込むのと同じように、人間のもろさを非人間的に信じ込むようなことになる。

　このような文化は構造ががっちりしているとはいえそうにもない。われわれの研究する世界は一つの秩序ある世界であって、この秩序はわれわれの理解を解明し組織立てる。けれども、それは階級制度的な秩序でもなければ、建築学的な秩序でもない。そこには、人間の共通の理解を集中した本部のようなものはなく、あらゆる本質的な知識の共同貯蔵庫もない。そうではなくて、それは巨大な、多様な、多次元の網の目を示すきずなで組み立てられている。もしもわれわれが自分たちの文化を五世紀のアテネに真似て、あるいは十三世紀のヨーロッパに真似て形づくろうとしたりしたら、それはみずからを欺くものである。

　理解のきずなは秩序を反映し、われわれの世界の構造をきめる。心のなかで知識に対する熱情を人並み以上持ち合わせている人間が、そのようなきずなを創り出す。科学の家の別々の部屋で仕事をしながら、共通の理解を見いだす人びとは、さらに新たな共通の理解を創り出す。ときおり諸科学相互の間に、そしてもっとまれにではあるが一つの科学とわれわれの経験や知識の他の部分との間に、一致があり、類似があり、二た組の思想と言葉が部分的に符合することがある。するとわれわれは、一つの言語を他の言語に翻訳することをおぼえるのである。われわれの世界はこうして、無数のきずなで結び合わされた一つの結合された世界となる。そこではすべてのものをいかなるものとも関連させることができるが、すべてのものを、すべてのものと関連させることはできない。このきわめて新しい世界において、われわれが混沌のなかに生きるのでなく共同社会のなかに生きていくものとするならば、そのときわれわれに必要とされる美徳、自制と寛容、友愛精神について学ぶことこそ、おそらくは知恵の端緒となるであろう。

付録

「オッペンハイマー追放」の経過（訳者）

オッペンハイマーが、ニコルズ米国原子力委員会事務総長立会いのもとで、国家機密からの遮断に関する行政命令を原子力委員会委員長ストロースから口頭で伝達されたのは、一九五三年の一二月二一日のことである。直接事件に関する経過をたどると、追放の審議は一一月に始まった。すなわち、連邦捜査局長フーヴァーが、W・ボーデンから訴状を受け取ったのは一一月七日である。フーヴァーは手紙の写しと書類を、原子力委員会および大統領に送付した。これが同月末である。一二月一日原子力委員会はこの件に関し討議したが結論を保留した。そして、一二月三日にはホワイトハウスにアイゼンハウァー大統領、ウィルソン国防長官、フレミング国防動員庁長官、それにストロースが集まって方針を決定した。ただちに大統領は行政命令を検事総長に送り、写しを原子力委員会と国防省へ送付した。以上が追放伝達の日にいたる経過である。

その翌一二月二三日、オッペンハイマーは原子力委員会顧問の辞任拒否を明らかにし、追放理由を記した文書を請求した。翌二三日、ニコルズ事務総長は追放の理由を述べた書簡を送付し、審査規準となる原子力委員会審査規定および行政命令一〇四五〇号を同封した。

オッペンハイマーは慎重に理由を検討し、翌年三月四日ニコルズの手紙に答えた。この手紙によって彼は、図らずも半生を振り返ることになったのである。彼はその手紙の終りで、「この手紙を草するにあたって、私は生涯のうちの二〇年間を回顧しました。私は賢明に行動しなかった事例も想起しました。私が望んでいたのは、私がまったく失敗を犯さないことではなくて、失敗から学ぶことであったのです。そして、私が学んだことは、私が以前にもまして祖国に仕えるに適したものとなったことである、と私は考えます」と述べているが、これこそ率直な感慨であったのであろう。

審査を要求されたグレイ委員会は、四月一二日に審理を開始した。以上の事実は、まったく秘密裡に進行したが、四月一三日にはじめて追放の事実が公表され、一四日には追放理由二四項目とオッペンハイマーの返書が新聞に発表された。グレイ委員会は、ほぼ三週間にわたる審議を五月六日に終了し、結果を六月二日に発表した。追放の変更は結論されなかった。オッペンハイマーは再審査を請求せずに、ただちに原子力委員会の審査を求めた。これに対し同委員会は、口頭審理はおこなわず、起訴状、人事審査委員会の審査記録と結論、および陸軍諜報部と連邦捜査局の報告を材料とすると発表した。グレイ委員会の審理速記録は六月一四日に発表された。審理記録は五〇万語に及び、削除個所は五パーセントであった。証人は四〇人で、反対証人は八名、そのなかにはカリフォルニア大学のエドワード・テラーが含まれていた。これをもとに原子力委員会の審理は六月二九日に公表され、ここにオッペンハイマーの追放が確定した。この結論には、スマイスの少数意見が付されていた。結論におけるＥ・Ｍ・ズッカートの言葉は象徴的であって、彼は「二四項目の追放理由について単一のケースについて見ると決定的なものはない。綜合的に判断すると否定的である」と述べている。こうして彼は、権力機構内における仕事を終了するのである。

以上かいつまんで追放審議の経過を述べたのは追放の理由を明らかにするためではない。追放は、ソヴェトの水爆成功に対する政治的処置であったというべきであろう。ただここでは、その点についての論議には触れていられないので、事件によって明らかにされた二、三の点を述べるにとどめたい。

原子力委員会の職員採用は、きわめて厳重におこなわれるものであり、その人の性格、交際、忠誠について、連邦捜査局、文官任用委員会が五五日から一〇〇日にわたり、一人平均二〇〇ドルを費やして調査が実施されたという。したがって保安官は、原子力委員会の四人の職員のうちの一人であり、原子力計画の予算二〇ドルのうち一ドルがこの目的に使われている。また審理が、「最終の分析を行うに当っては、政府のサーヴィスは市民各人が享有する権利ではなく特典である、との理論に従って、疑点は申請者よりも政府の方に有利に解決されることになっている」（ディーン『原子に関する報告』邦訳―読売新聞社）ことはいうまでもない。

　こうした膨大な費用と、膨大な機構によっておこなわれる保安審査は、マッカーシズム旋風が激しくなるとともに次第に民主主義の基盤を切り崩していった。すなわち、情報漏洩の確証を見いだすことは容易でなく、その意志を証明することはまったく不可能なことなので、保安官は、その人間がいかなる政治的見解をもち、行動をしているか、その見解や行動がそういう意志をもちそうな人間であるかどうかを調査することとなっていく。こうして、追放理由のなかにシュヴァリエ事件や、左翼戦線との関係が取り上げられたのである。グレイ委員会は、後者についてオッペンハイマーは忠誠であり、慎重であったが、保安上の危険となっていたとした。この保安上の危険を冒さないためには、グレイ委員会の判定によれば、全保安制度そのものの防衛と支持が必要なのである。これについて、イギリスの物理学者R・E・パイアーレスは、これを換言するならば、いかなる「忠誠な市民も保安官憲と十分に協力しないと保安上の危険となるということなのである」と警告した。

さて追放理由のうち第二四項目の水爆論争についてグレイ委員会は、つぎのように判定した。すなわち、オッペンハイマーは熱核兵器の開発に反対したが、ひとたびそれを進行させるべき決定が下されてからは、その計画に反対しなかった。しかし「博士がこの計画に熱烈な支持を与えたならば、はじめから努力が集中できたであろう」というのであった。また大陸防衛論争などに関しては、オッペンハイマーの助言は、助言の前提条件を満たしていなかったと判定した。この前提条件とは、「最高の軍事方針を承認すること」なのであった。グレイ委員会はいう。オッペンハイマーは「彼の信念が、わが国の攻撃上……軍事上の利益の擁護とかならずしも関連を持たない事件に自己の影響を及ぼすことによって、科学諮問官としての任務を逸脱したようである」と。原子力委員会は、同じ項目について、どんなことをいったとしても有害な動機がないかぎり問題にならない、有害な動機のなかったことは証明された、しかし誠実さについては問題が残ったとしている。すなわち、一般諮問委の報告は熱核兵器計画のみに反対したのか、水爆製造のいかなる仕事にも反対したのかが明白でないなどとしたのである。かくしてE・M・ズッカート、J・キャンベル、T・E・マレーの多数意見によれば、水爆問題についての博士の意見は追放の理由とはならなかったのである。

以上の追放事件に関しては、つぎの本を参照した。

Curtis, Charles P., *The Oppenheimer Case*, Simon and Schuster, New York, 1955.

Alsop, Joseph and Stewart, *We Accuse!*, Simon and Schuster, New York, 1954.

また、つぎのパイアーレスの論文を参考とした。

Peierles,R. E.,'In the matter of J. Robert Oppenheimer', *Atomic Scientists*, vol.4, no.3 (Jan. 1955).

米国原子力委員会事務総長　ニコルズ少将の書簡

一九五三年一二月二三日付でオッペンハイマー宛てに送付された。

オッペンハイマー博士殿

一九四六年の原子力法第一〇項は、原子力委員会に対して、個人が委員会によって雇用されるのは、その雇用が共同の防衛と安全とを危うくすることのない場合にかぎることを保証する責任を課しています。加えて、一九五三年四月二七日付大統領命令一〇四五〇号は、いかなる個人といえども、その雇用が国家の保安上の利益と明らかに合致しないことを示す情報が存在する場合には、その雇用を停止すべきことを要求しています。

貴下の性格、交友関係および忠誠に関する付加的な調査と、原子力法の規定および大統領命令一〇四五〇号の規定に照らして貴下の職員保安書類の再検討の結果として、原子力委員会への貴下の継続雇用が共同の防衛と安全とを脅かすものであるかどうか、そしてそのような継続雇用が国家的安全の利益と明白に一致するものであるかどうか、という注目すべき疑問が起こりました。本書簡は、この問題の解決に資するために貴下がとりうる手段について貴下に勧告するものであります。

原子力委員会の仕事に雇用されるについての貴下の適格性に関する問題となる情報の内容はつぎのようなものであります。

一九四〇年に、貴下は「中国人民友の会」の後援者に名を列ねていることが報告されていますが、この団体は一九四四年下院非米活動委員会が共産党外郭組織と性格づけたものであります。さらに一九四〇年には、貴下の名が「民主主義と知的自由を守るアメリカ委員会」のレター・ヘッドに、その全国執行委員会の一員として掲げられたと報告されています。「民主主義と知的自由を守るアメリカ委員会」は一九四二年に下院非米活動委員会が共産党員の教師を擁護した共産党外郭組織として性格づけたものであり、一九四三年には、下院歳出委員会の特別小委員会が破壊的かつ非米的と銘打ったものであります。さらに一九三八年には、「消費組合西部評議会」の一員であったことが報告されています。「消費組合」は一九四四年に下院非米活動委員会が共産主義者アーサー・カレットに率いられた共産党外郭団体であると指定したものです。さらに貴下は、自分は共産党員ではないが、おそらく西部沿岸のあらゆる共産党外郭組織に所属していたようだし、共産党員が関係した多くの嘆願書に署名したということを一九四三年に述べたことが報じられています。

一九四三年とそれ以前に、貴下はサンフランシスコの共産党員ジーン・タトロック博士と親密な間柄にあったこと、そしてタトロック博士には貴下の共産党外郭団体との関係に部分的に責任があること、が報告されていました。

貴下の夫人キャザリン・ピューニング・オッペンハイマーはかつて、一九三七年スペインでスペイン共和国軍のために戦って戦死した共産党員ジョゼフ・ダレットの妻であったことが、報告されていました。さらに、貴下の夫人は、ジョゼフ・ダレットとの結婚生活の間に、共産党員となったことが報告されていました。共産党は検事総長によって大統領令九八三五号および一〇四五〇号により非立憲的手段を用いて合衆国の政府形態を変革せんとする破壊的団体と指定されています。

貴下の弟フランク・フリードマン・オッペンハイマーは一九三六年に共産党員とな

り、ロスアンジェルス地区の共産党の党オルグ兼自由職業部門の教育指導者として働いたことが報告されています。さらに、貴下の弟の妻ジャッキー・オッペンハイマーは一九三八年に共産党員であったこと、そして、一九四四年八月にジャッキー・オッペンハイマーはカリフォルニア労働学校のイースト・ベイ支部の組織に協力したことが報告されています。さらに一九四五年、フランクおよびジャッキー・オッペンハイマーはロシア領事館の非公式レセプションに招待されたこと、この招待はサンフランシスコのアメリカ・ロシア研究所の斡旋《あっせん》によるもので、当時サンフランシスコで催されていた国連国際機構会議の代表であったロシア科学者に著名なアメリカ科学者を紹介する目的を持っていたこと、そしてフランク・オッペンハイマーはこの招待を受諾したことが報じられています。さらにフランク・オッペンハイマーは一九四六年五月九日に始まる、カリフォルニア労働学校の「近代社会発展の社会的意義」と題する六週間講義をおこなうことを承知したことが報告されています。サンフランシスコのアメリカ・ロシア研究所とカリフォルニア労働学校は、検事総長により大統領命令九八三五号および一〇四五〇号に該当する共産主義団体として指定されています。

貴下は、アイザック・フォルコフ、スティーヴ・ネルソン、ラディ・ランバート、ケネス・メイ、ジャック・マンリーおよびトマス・アディスを含む共産党員および党役員と交際があったことが報告されています。

貴下は一九四一年と一九四二年に、西部海岸共産党新聞『ザ・デイリー・ピープルズ・ワールド』の購読者であったことが報告されています。

貴下は連邦捜査局員に対して、貴下が過去において共産党の統制やこれらの団体の浸透程度については知らなかったが、共産党外郭団体に寄付をおこなったと述べたことが一九五〇年に報告されています。貴下はさらに連邦捜査局員に対して、これらの寄付のあるものは貴下が共産党の指導的役員と認めていたアイザック・フォルコフを通してなされ、それは貴下がそうすることがこれらの団体を援助する最も有効な、直接的な方法であると聞かされたからであると述べたことが報告されています。

貴下は一九四一年九月二〇日、『ザ・ピープルズ・ワールド』後援入場券つきの、ケネスおよびルース・メイの家で開かれた新築祝いの会に出席したこと、そしてこの会で貴下は共産党員でソ連のためにスパイ行為を行っていたと目されるジョゼフ・W・ワインバーグとクラレンス・ヒスキーと同席したことが報告されています。さらに貴下は、一九五二年合衆国法務省職員に対し、自分はそのような会に出席した憶えはないが、そのような会に出席することは自分の性格に合ったことだから、出席したことを否定はしない、と述べたと報じられています。

貴下は、一九四一年の七月下旬か八月初旬にカリフォルニア州バークリー、ケニルワース・コート所在の貴下の居宅において、共産党の政策の変化に関する説明を聞くために開かれたカリフォルニア・アラメダ地区共産党自由職業部の秘密集会に出席したと報じられています。貴下は自分がこのような集会に出席したこと、およびこのような集会が貴下の自宅で催されたことを否認したと報じられています。

貴下は一九五〇年に連邦捜査局員に対して、貴下が、ハーコン・シュヴァリエの家で開かれたはずで、しかもみずから共産党の幹部であると承知していたウィリアム・シュナイダーマンが演説した一集会に一九四〇年か一九四一年の頃に出席したと述べたことが報告されています。一九五〇年カリフォルニア州上院非米活動調査委員会における証言において、ハーコン・シュヴァリエは一九四〇年の初めにはサンフランシスコ地区共産党員であることが判明しました。

貴下は共産党員であったことを終始一貫否認してきたと報じられています。さらに貴下は、一九四六年連邦捜査局の代表者に対し、一九三九年独ソ協定調印の頃ソ連の政策と政治について考えが変ったと述べたことが報告されています。さらに一九五〇年頃、貴下は連邦捜査局の一代表者に対し、自分は共産党の秘密集会に出席したことは一度もないこと、ソヴェト＝フィンランド戦争とそれに続く一九四一年の独ソ決裂の頃、貴下はいわゆる反ファシスト団体への共産党の浸透戦術を知ってすべて嫌気がさし、当時抱いていた些少の関心すらも失ってしまったことを述べたと報告されています。しかしながら、さらにつぎのようなことが報告されています。

（a）一九四二年四月以前に、貴下はサンフランシスコ地区共産党に毎月一五〇ドルの献金をした。その最後の支払いは、一九四二年四月、貴下が原子爆弾計画に参加する直前になされたものと思われる。

（b）一九四二年―四五年の間に、カリフォルニア・アラメダ地区共産党自由職業部オルグのハナー・ピーターズ博士、アラメダ郡共産党書記バーナデット・ドイル、スティーヴ・ネルソン、デヴィッド・アデルソン、ポール・ピンスキー、ジャック・マンリーおよびカトリーナ・サンドフを含む共産党の各種役員は、貴下が当時共産党員であったこと、貴下が当時党内で活動的でありえなかったこと、貴下の名が党の郵送名簿から削られて口外されないことになっていたこと、この時期に貴下が原子爆弾問題について党員たちと話し合ったこと、そして一九四五年に先立つ数年間に、貴下がスティーヴ・ネルソンに陸軍は原子爆弾の仕事を進めていると語ったこと、を示す陳述をおこなったことが報告されている。

（c）貴下は一九四三年八月、「共産党員である人物は誰であれ自分のために当計画の仕事をしてもらいたくない。なぜなら『その人はたえず複雑な忠誠心の問題をもっており』、共産党の規律はきわめて厳格であって当計画に対する完全な忠誠と相容れないから」と述べた。貴下はさらにその頃、自分は現在の党籍だけのことをいっているのであって、かつて党員であった人びとのことをいっているのではない、と述べた。貴下はさらに、かつて共産党員であって当時ロス・アラモスにいた数人の人物を知っていると述べた。しかし貴下は、このような前党員が誰であるかをその筋に明かさなかった。一九四二―四五年の間に、貴下はジオヴァンニ・ロッシ・ロマニッツ、ジョゼフ・W・ワインバーグ、デヴィッド・ボーム、マックス・バーナード・フリードマンおよびデヴィッド・ホーキンズを含む共産党員または共産党の活動と密接な関係にある個人を原子爆弾計画に雇用するについて責任ある地位にあったことも報告されている。ジオヴァンニ・ロッシ・ロマニッツの場合、貴下は同人が初めてカリフォルニア大学に来たとき共産党員であることをとくと承知していて、原爆計画に加わる以上政治活動は一切止めてもらわねばならぬと貴下から同人に力説したと述べはしたが、貴下は同人に当計画の仕事をすることをすすめた。一九四三年八月、貴下は同人の入隊猶予の期限切れに異議を申し立て、彼の入隊後に計画にもどしてもらいたいと要求した。

貴下は一九四六年九月五日、連邦捜査局の代表者に対し、確実に共産党員と目される人物の出席したイースト・ベイおよびサンフランシスコの集会に貴下が出席したと述べたことが報じられています。イースト・ベイ集会の目的について、また出席した人物が誰であるかについて尋ねられたとき、貴下はそれが問題とされている当面の事柄には無関係であるとの理由で答弁を拒みました。

貴下は一九四六年一月一日、いずれも共産党員であったデヴィッド・アデルソンおよびポール・ピンスキーとともに、フランク・オッペンハイマーの家での集会に出席したと報告されています。さらに貴下は、ピンスキーがカリフォルニア州サクラメントの立法会議で取り上げたいと望んでいたある種の資料を分析したと報告されています。

貴下は下院非米活動委員会が共産党外郭団体と指定した「芸術・科学・自由職業の独立市民委員会」のレター・ヘッドに副議長として記載されていたことが一九四六年に報告されています。

一九四三年三月一日以前に、多分三カ月前に、サンフランシスコのソヴェト領事館書記ピョートル・イワノフは、ソヴェト科学者の使用に供するために、放射線研究所でおこなわれている情報入手の目的でジョージ・チャールズ・エルテントンに接近したこと、ついでジョージ・チャールズ・エルテントンはハーコン・シュヴァリエに対しこの件について貴下に接近するように要請したこと、そこでハーコン・シュヴァリエはこの件に関して直接あるいは貴下の弟フランク・フリードマン・オッペンハイマーを介して貴下に接近したこと、そしてシュヴァリエは結局ジョージ・チャールズ・エルテントンに情報入手のチャンスが全然ないと勧告したこと、が報告されています。さらに貴下は、この事件の発生後数カ月を経るまで関係当局にこの件を報告しなかったこと、貴下は一九四三年八月二六日に初めて関係当局とこの件を話し合ったとき、貴下自身が接近を図られた人物であることを明らかにせず、ハーコン・シュヴァリエがジョージ・チャールズ・エルテントンに頼まれて接近を試みた人物と同一人であることを認めることを拒んだこと、そして、ハーコン・シュヴァリエがその人物に他ならぬことを貴下が認めたのは、上長からの命令を受けた数カ月後のことであったこと、が報告されています。さらに貴下は、ロス・アラモス計画を離脱した後でバークリーに帰るや、数回にわたりシュヴァリエの訪問を受けていること、そして貴下の夫人は一九四六年と四七年にハーコンおよびバーバラ・シュヴァリエと接触していたことが報告されています。

貴下は一九四五年に、「水素爆弾がつくられる合理的な可能性はある」が、水素爆弾の実現可能性は、ロス・アラモス研究所が発足したとき核分裂爆弾が理論的根拠から見て確実に考えられたようには、理論的根拠から見て確実に思えないという見解を表明したこと、そして一九四九年秋、一般諮問委員会は、「想像力を持ち、協力して問題に取り組めば、五年以内に水素爆弾を製造するチャンスは五分五分よりも多い」との見解を表明したこと、が報告されています。さらに一九四九年秋、およびそれ以後に、貴下は水素爆弾の製造に対して（1）道徳的根拠から、（2）実現可能性がないと主張することによって、（3）製造をおこなうには不十分の施設と科学者しかいないと主張することによって、（4）政治的に望ましくない、と主張することによって、強く反対したと報じられています。さらに貴下は、国策として水素爆弾の製造を進めることが決定された後においてさえも、当計画に反対を続け、当計画に全面的に協力することを拒んだことが報告されています。さらに貴下は、ロス・アラモスの首脳人物に対し、水爆製造に彼らを反対させる目的で、水爆製造に関する一般諮問委員会の多数意見と少数意見の報告を別々に個人的に配布することによって、委員会顧問としての貴下の本来の役目から逸脱したことが報告されています。さらに貴下は、他の著名な科学者を説いて水爆計画の仕事をしないようにするのにあずかって力があったこと、そして貴下を最も練達の、最も有力な、最も実力ある一員とする水爆に対する反対は、その製造を決定的に遅らせたこと、が報告されています。

高度に注意を要する機密情報に貴下が接している事情に鑑み、また、以上の中立てが貴下の誠実、行為、さては忠誠に関して、反証がなされるまでは疑わしいことに鑑み、委員会は共同の防衛と安全を守る義務の遂行にあたり、問題が決着をみるまで貴下の身分保証を保留するほかはありません。従って、原子力委員会への貴下の雇用および機密資料に接しうる貴下の資格はここに停止され、この件の最終決定まで即時効力を発生することになります。

この件の解決に資するため、貴下には原子力委員会人事保障委員会に出頭する特権があります。原子力委員会聴聞手続により貴下に付与された特権を行使するために、貴下はこの書簡受領より三〇日以内に、上述の情報に対する回答を文書をもって私宛て提出し、人事保障委員会に出頭する機会を求めなければなりません。貴下が当委員会に出頭したいとの要望を表示するならば、貴下は委員会の構成について通告を受け、その構成員のいずれをも忌避することができるでしょう。かかる忌避申立ては、当委員会の構成についての通告受領後七二時間以内に提出されるべきものです。

もし当委員会の構成員に対し忌避申立てがなされないならば、貴下は聴聞会に定められた日より少なくとも四八時間前に聴聞会の日付と場所の通告を受けることになっています。貴下は聴聞の間出席することができ、貴下みずから選定した弁護人を代理とすることができ、証人を通じあるいは文書により、または双方によって貴下自身の利益のために証拠を提出することができます。

貴下が人事保障委員会による貴下の件の聴聞会を開くことを選ぶならば、「原子力委員会身分保障資格決定規準」および「大統領令一〇四五〇号」の諸条項により、当委員会の認定は、原子力委員会の仕事への雇用に対する貴下の資格に関する当委員会の推薦とともに、私宛てに提出されることになります。

貴下の件において、人事保障委員会が不利な決定を下した場合には、貴下には貴下が委員会に出頭した間につくられた記録を再検討し、委員会の人事保障再審委員会による貴下の件の再審を要求する機会を有します。

もし書面による回答が三〇日以内に貴下より受けられない場合には、貴下はこれ以上の考慮を求めるために説明を提出する意志がないものとみなされるでしょう。この場合、あるいは貴下が書面をもって人事保障委員会に出頭する希望を私宛て告知しない場合には、貴下の件に関する決定は現存記録にもとづいて私がおこなうこととなります。

私はここに、貴下の参考および手引きとして、「原子力委員会身分保障資格決定規準および手続」と「大統領令一〇四五〇号」の写しを同封します。

当書簡は、貴下と原子力委員会との間のこの件の秘密を守るために「親展」の印をつけてあります。貴下が適当と考えるならば、この書簡を利用されることは差支えありません。

私はウィリアム・ミッチェル氏に、この件において踏むべき手続きに関して貴下の希望される詳細な情報をすべて貴下に提供するよう指示しました。

敬具

事務総長　K・D・ニコルズ

オッペンハイマーの弁明

一九五四年三月四日オッペンハイマーは一九五三年一二月二三日付のニコルズ事務総長の手紙に答えた。以下はその全文である。

ニコルズ事務総長殿

一九五三年一二月二三日の貴信には、私を原子力委員会の仕事の一員として引き続き雇用することが、「共同の防衛と安全とを脅かすものであるかどうか、そしてそのような継続雇用が国家的安全の利益と明白に一致するものであるかどうか」という問題が提起されておりますが、この一文はそれに答えたものであります。

私の助言が必要でないというのであれば、私が顧問の地位にとどまりたいという望みを持たぬことはいうまでもありませんが、私としては貴下が提起された問題を無視することはできないし、私が公職に適さないという提言を受け入れることもできません。

貴信中に述べられているいわゆる誹謗《ひぼう》的な情報の諸項目は、私の生活と仕事の文脈において見られないかぎり、公正に理解されえないものであります。この回答は、多かれ少なかれ年代順に、私の生活の関連ある部面を要約して説述する形をとっており、その経過のなかで私は、貴信中にある個別的な項目について説明をしたいと思います。この回答を通じ、そして私がここに要求するところの、人事保障委員会の席における審問を通じて、私は貴信によって提起された諸問題が解決されるための公正な基盤を用意したいと望むものであります。

太平洋戦争以前

私は一九〇四年ニューヨークで生まれました。父は一七歳のときドイツからこの国に参りました。父は成功した実業家であり、公事においてもきわめて活動的でした。母はボルティモアで生まれ、結婚前は芸術家で、画の教師をしていました。

私はエシカル・カルチュア・スクールおよび、一九二二年に入学したハーヴァード・カレッジに通学しました。一九二五年の春に、私は課程を修了して学位をえました。つぎに私はハーヴァードを去ってケンブリッジ大学およびゲッティンゲン大学に学び、ここで一九二七年の春、博士号をとりました。翌年、私はハーヴァード大学およびカリフォルニア工科大学において国家研究員となり、つぎの年にはレイデン大学とチューリッヒの高等工業学校において、国際教育委員会評議員となりました。

一九二九年の春、私は合衆国に帰りました。この国に対し私は郷愁の念を感じたのであり、事実一九年間にわたって再び国を離れなかったのです。学生時代は主として新しい物理学について勉学をしました。私は独力でこれを研究し、解明し、その知識を磨きたいと望みました。

大学の地位への招請はたくさんあり、ヨーロッパで一つか二つ、合衆国では一〇くらいあったでしょう。私はパサデナにあるカリフォルニア工科大学と、バークリーにあるカリフォルニア大学の助教授としてのかけもちの地位を引き受けました。それからの一二年間、私はこれら二つの学部に奉職することになったのであります。

バークリーでの一年目は、ただ一人の卒業生を出しただけで始まりましたが、私たちは漸次、理論物理学の学士課程および博士号取得後の課程の研究においてはわが国最大の研究室というべきものを築きはじめ、その結果、時を経るとともに私たちは、量子論、核物理学、相対性理論その他の現代物理学を学び、かつそれに寄与していく一二名から二〇名の人びとを擁するにいたったのであります。学生の数が増えるにつけ、その質も向上してきました。当時私とともに働いた人びとは、わが国の大きな物理学研究所の多くに奉職しております。彼らは科学に、また多くの場合原子力計画に重要な貢献をしております。私の学生の多くは、私のバークリーでの任期が過ぎた春にパサデナまで私について来ましたが、これは私たちが一緒に研究を続けるためでありました。

　パサデナとバークリーにおける私の友人は、主として教授であり、科学者であり、古典学者であり、また芸術家でありました。私はサンスクリットをアーサー・ライダーとともに勉強し読みました。私はきわめて広範囲に読書しましたが、その大部分は古典、小説、戯曲および詩であり、他の分野の科学もいくらか読みました。経済と政治に関しては興味を持たず、読みませんでした。わが国の時事問題から私はほとんど完全に切り離されていました。私は新聞や『タイム』とか『ハーパーズ』のような時局雑誌を読んだことがありませんし、ラジオも電話も持っていませんでした。一九二九年の秋の株式取引所の崩壊を知ったのは、事件後ずっと経ってからであり、私が初めて投票をしたのは、一九三六年の大統領選挙の時でありました。

私の多くの友達にとって、時事問題に対する私の無関心さは奇妙に見えたようで、彼らはよく私が高踏的すぎるといって小言をいったものです。私は人間とその経験に関心をもっておりましたし、自分の科学に深く関心をもっていましたが、人間と社会との関係については、理解をもっていませんでした。

毎年の夏、私は何週間かを弟のフランクとニュー・メキシコにある私たちの牧場で過ごしました。私たちの間には、強い愛情のきずながありました。母の没後、父はしばしば、大体はバークリーにいた時でしたが、私を訪ねてまいりました。そして亡くなる時まで、私たちは親しい、密接なつながりを持っていました。


一九三六年の終り頃から、私の関心は変りはじめました。これらの変化は私の以前の交友関係や、学生に対する私の関係や、物理学への私の傾倒を変えることはなく、新しいあるものを加えたのです。回顧してみると、これらの変化に対しては、一つにとどまらない理由をみとめることができます。ドイツにおけるユダヤ人の取扱いに対して私は、かねてから憤激を心中にくすぶらせていました。ドイツには親戚がおり、その後私はその人たちを脱出させ、わが国へ連れてくるのに助力することになりました。私は不況が学生たちに与えていた影響を見ました。彼らはしばしば職につけず、つけてもまったくお門違いの職でした。こうして彼らを通じ、私は政治経済上の出来事がどんなに深い影響を人びとの生活に及ぼすものであるかを理解するようになりました。社会の生活にもっと全面的に関与する必要を感ずるようになりました。しかし、私としてはこれらの問題に見通しをあたえるような政治的信念や経験のわくを持たなかったのです。

一九三六年の春、私は友人からジーン・タトロックに紹介されました。彼女は大学の有名な英語学の教授の令嬢です。秋には私は求愛するようになり、私たちはお互いに親密になったのです。私たちは結婚を間ぢかに予想してもうすこしで婚約するばかりになったことが少なくとも二度ありました。一九三九年から一九四四年に彼女が世を去るまでは、私はごく稀れにしか彼女と会っていません。彼女は共産党員であることを話してくれました。しかし党務についたり離れたりで、彼女が求めていたものは得られなかったようでした。私は彼女の関心が真に政治的であったとは信じていません。彼女は宗教的感情の深い人でした。彼女はわが国とわが国民とその生活を愛していました。次第にわかったのですが、彼女は共産党員や同調者の友人をたくさん持っており、そのなかで私がその後知り合いになった人もかなりいました。私が左翼に友人をつくったり、あるいはスペインにおける人民戦線政府派の主張や移民労働者の組織のような、これまで私からまったくかけ離れたものと思われていた主張に私が同感を寄せたりしたのが、すべてジーン・タトロックのせいであるという印象を私は与えたくありません。そのことにあずかった他の原因の幾つかについて私はすでに述べました。私は新しい仲間意識を好んだし、それと同時に私は自分が現代と自国の生活に組み込まれているのを感じたのです。

一九三七年に父が死に、間もなくして私が遺産を相続したとき、私はこの遺産をカリフォルニア大学に寄託し、大学院学生の奨学金に充てるという遺言状をつくりました。

当時は共産主義者のいわゆる「統一戦線」の時代であり、彼らは人道的な目的を支持して多くの非共産主義グループと提携しました。これらの目的のうちの多くのものが私の関心をそそりました。私はブリッジスの組合がやった大ストライキのうちの一つにスト資金を寄付しました。また『ザ・ピープルズ・ワールド』を予約購読し、スペイン人民戦線政府派の闘争を援助する目的を持った各種の委員会や団体に寄付をしました。私は大学の教授と助手、イースト・ベイの学校教員を含む教員組合の創立に援助を求められ、書記に選ばれました。私と教員組合の関係は、一九四一年のいつでありましたか組合支部が解散されるまで続きました。

同じ頃、私はまた、物理学科の運営、講義科目の選定、奨学金の供与、大学の大学院全般の問題に、何年か私がその評議員であった大学院評議員会を通じて参画しました。

私はその他の団体にも加入するようになりました。おそらく一年間ほど、私は消費組合西部評議会の一員でした。この仕事は太平洋岸の興味ある生産物についての情報を評価することでした。消費組合の全国委員長であったアーサー・カレットという人は覚えていません。せいぜい、もし彼が太平洋岸を訪れたことがあったなら、会っていたかもしれないという程度であります。一九三七年に私は、「民主主義と知的自由を守るアメリカ委員会」に加入しました。当時この委員会は、ドイツにおける知識人と自由職業家に対して起こっている事態に抗議をする立場をとっていたと思います。私は、一九四二年マンハッタン計画に採用されるについて記載した人事保障調査表に、私が加入したことのあるごくわずかの政治団体を挙げておきました。この調査表については、私は後援団体は含めなかったことをいっておきたいと思います。「中国人民友の会」のこと、あるいは私がこの団体とどういう関係があったかは、たとえあったとしても記憶にはありません。

私は共産党員ではなかったが、「おそらく西部沿岸のあらゆる共産党外郭組織に所属していたようだし、共産党員が関係した多くの嘆願書に署名した」と私が言明したことになっています。私はそういう言明は覚えていないし、誰に、どういうときにいったものか記憶にありません。ここに引かれた言葉は真実ではありません。もし引用された話のたぐいのことを何かいったとすれば、冗談半分の誇張であったことは明白だと思います。

私が同感と関心を最も深く寄せた事柄はスペイン内乱でした。これは理解を必要としたり、詳細な情報を必要とする事柄ではありませんでした。私はスペインに行ったことはなかったし、スペイン文学については少しばかり知っているのみで、その歴史や政治の当面の問題についてはまったく知りませんでした。しかし、私は大多数の他のアメリカ人と同じように、感情的に人民戦線政府派の闘争を支持しました。私はスペイン救援の種々の団体に寄付をしました。私は多くのパーティやバザー、そういった催しに出席し、援助しました。内乱が明らかに人民戦線政府派の敗《ま》けとなっても、これらの活動は続きました。内乱の終結と人民戦線政府派の敗北は、私を深く悲しませました。

私がトマス・アディス博士とラディ・ランバートに会ったのは、おそらくスペイン救援活動を通じてでありました。後者については、交際は密接にならず、前者はすぐれた医学者で、友人となりました。アディスは、おそらく一九三七年から三八年にかけての冬に、彼を通じてスペイン内乱に対する寄付をすることを頼んできました。彼はこの金が救援団体にまわされるものではなく、直接に戦争協力にまわされるであろうこと、さらにこれは共産党の資金網を通じてまわされることを明らかにしました。私はその寄付に応じました。たいてい彼が必要なわけを説明して連絡をとってきたときには、私は現金で渡しました。その額はおそらく一〇〇ドルをうんと下まわることはなかったか、時にはもっと多かったかもしれません。寄付は冬中で数回でした。パサデナにいた春学期の間と、ニュー・メキシコでの夏の間中にはそういう寄付はありませんでした。その後——時日は記憶していませんが——アディスは私にアイザック・フォルコフを紹介しました。アディスの語ったところによるとフォルコフは何がしか共産党と関係があるとのことで、それ以後金が必要な場合には彼が私に連絡をとるとのことでした。アディスが以前におこなったとまったく同じやり方で、彼はこの仕事をやりました。前と同じに、これらの寄付は、主としてスペイン内乱とスペイン救援という特別の目的のためになされたのであります。時には他の目的、例えばカリフォルニア渓谷の移民労働者の組織のための寄付金を依頼されました。この寄付が私の意図したところとは別の目的に向けられはしなかったかとか、そうした他の目的は悪いものではなかったかとかはあまり考えませんでした。私は当時共産主義者が危険であるとは考えていなかったし、彼らのいうところの目的のあるものは、私には望ましいものに思われました。

やがて、こうした寄付は終りになりました。私はパール・ハーバー奇襲の前夜、スペイン救援の大パーティに出席しました。そして翌日、戦争勃発のニュースを聞いたとき、いままで私はスペイン内乱に対しては十分といえるほど尽してきた、しかし世界にはそれ以外の、より切迫した危機があると判断しました。私の寄付は、続けようにも、それ以上長くは続けられはしなかったことでしょう。

弟のフランクは一九三六年に結婚しました。それ以後われわれの関係は、当然でありましょうが以前よりは親密ではなくなりました。その頃——多分一九三七年に——彼は彼と妻ジャッキーとが共産党に入党したことを私に話しました。その後何年か私たちは機会があれば会いました。それまでのように私たちは夏休みを共に過ごしました。一九三九年か四〇年かに、フランクとジャッキーはスタンフォードに引き移り、四一年の秋にバークリーへやって来て、フランクは放射線研究所に勤務しました。そのとき、彼はもう共産党員ではないと、はっきり私にいいました。一九四四年、四五年、四六年にフランクとジャッキーがおこなったと申し立てられている活動についていえば、私は一九四四年と四五年にはバークリーにはおらず、一九四六年の前半もほとんどいなかったので、これらの活動があったのかどうか知りません。もし当時彼らのことを知っていたとしても、それは非常に断片的なものであったでしょう。一九四五年のクリスマスのあと、私は家族と一緒に弟の家族を休暇中二、三日ほど訪れました。大晦日の夜と一九四六年の元日にはそこにいたと私は覚えています。元日にはつぎつぎと人が来ました。ピンスキーとアデルソンもそのなかにいたかもしれません。彼らとはせいぜい顔見知り程度でした。しかし、いたかどうか記憶していないし、その日ほかに誰が来たか、またどんな話をしたかも全然覚えていません。

一九三九年の夏にパサデナで、私は初めていまの妻に会いました。彼女は、カリフォルニア工科大学のトールマン夫妻、ローリッツェン夫妻その他の友人であり、同僚であったハリソン博士の夫人でありました。私は彼女がそのまえにジョー・ダレットと結婚していたこと、また彼がスペインで戦死したことを知りました。彼はずっと共産党の役員であり、短い結婚の間一年か二年彼女も共産党員でありました。私が彼女に会ったときには、彼女は当時の夫であるハリソン博士に深く忠実であって、政治活動には一切従わず、また共産党が実際に彼女がかつて考えていたようなものでなかったという若干の失望と軽蔑《けいべつ》を感じているように見えました。

私自身の見解も進展していきました。一九三六年に読んだシドニー・ウェッブとビアトリス・ウェッブのロシアに関する著書や、その頃聞いた話によって、私はロシアにおける経済的進歩と福祉の一般水準を重視し、その専制政治を軽く見るような気持になりましたが、この専制政治に対する私の見解は変らねばなりませんでした。詳細にわたってではなかったけれども、私は粛清裁判について読み、それについての意見で、ソヴェト体制をこきおろしていないものは一つも見いだすことができませんでした。一九三八年に私は、一九三〇年代に実際にロシアで生活していた三人の物理学者に会いました。三人とも卓越した科学者で、プラスチェック、ワイスコップフ、シャインといい、そのうちはじめの二人とは親友になりました。彼らが話してくれたことは、信頼でき、狂信的でなく、真実であると思われ、強い印象をうけました。そしてその話から、彼らの限られた経験から見てさえも、ロシアは粛清と恐怖の国であり、おかしなほど政治がうまくいっていない国、国民が久しく苦しんでいる国だということがわかりました。ここではっきりさせておく必要がありますが、独ソ条約およびポーランドとフィンランドに対するソ連の行動によって強化されたところの、ロシアについての見解がこのように変化したからといって、これとは異なる見解を持っていた人たちときっぱりたもとを分かつことにはならなかったということです。当時の私には、わが国の共産党がいかに完全にロシアの統制下にあるかということは——そのうちにわかるようにはなったが——十分にわかりませんでした。しかしフランスでの戦争の間およびそれ以後、また翌年秋のイギリスでの戦いの間に、私は共産党機関紙が主唱した離脱と中立の政策に対する共鳴をますます失っていったのでした。

一九四〇年に結婚してからも、私と妻とは二年間ほど以前とほとんど同じ友人と交際しました。その多くは、物理学者や大学職員でした。なかでも特にシュヴァリエ夫妻は、何かと私たちに親切にしてくれました。私たちは時おりは多少ともはっきりと左翼的な会合に、まだ続いていたスペイン救援のパーティに招待されました。また、二度ほど——一度はサンフランシスコで、一度はバークリーでしたが——私たちは見たところ上流らしい人たちの社交的な集まりに出席しました。その会では、カリフォルニア共産党の役員だったシュナイダーマンが共産党の方針とはいかなるものかを説明しようとしましたが、私たちに関するかぎりそれは成功しませんでした。私は一九四六年に連邦捜査局の係官と会見した際、バークリー集会について質問されました。当時私はこの会合のことは全然覚えていませんでした。特に、係官の尋ねたシュヴァリエとこの会とを結びつけて考えていませんでした。だから問題の事件とは全然無関係のように思われたのです。のちになって、妻と話をしてバークリーの集会はシュヴァリエ家で開かれたことを思い出しました。そのことは一九五〇年に連邦捜査局から質問されたときに、そのように答えました。

ケネス・メイとはちょっと顔を合わせました。私たちは二人とも彼が好きでした。ですからメイと彼の妻との新築祝いに行ったとしても、不自然ではなかったでしょうが、妻も私もその集まりのことは覚えていません。ワインバーグは大学院学生として知っています。ヒスキーという人は知りません。スティーヴ・ネルソンは家族と一緒に数回ほど訪問してきました。彼はパリで、妻の前夫が一九三七年にスペインで戦死した頃、私の妻と親しくなっていました。一九四一年か一九四二年以後は、私たちは二人とも彼とは会っていません。

以上述べたこうした交際や、さきに言及した寄付によって、私は当時共産党にごく近い人と思われたでありましょう——ある人たちには党員とすら思われたかもしれません。すでに述べたように、共産党の公表された目的の一部は望ましいものに思われました。しかし、私は共産党員とはならなかった。私は共産党の教義あるいは理論を容認しなかった。事実、私はそれらを理解できなかったのです。私は明確に公式化された政治的見解を持っていませんでした。私は専制と、抑圧と、すべての形態の独裁的思想統制を憎悪しました。当時の私は、誰それが共産党員であるかないかは、ほとんどの場合知りませんでした。私に入党をすすめた人もかつてありません。

貴信は、一九四二年から四五年の間に、共産党の役員と称する人間によって、私が秘密党員であったという趣旨の言明がなされたと述べています。私は、これらの人たちが何をいったかはまったく知りません。私の知っていることは、秘密にせよ公然にせよ私が党員ではなかったということであります。挙げられている人びとの名前のなかにさえ、ジャック・マンリーやカトリーナ・サンドフのような私の見知らぬものがあります。名前は知っているが、バーナデット・ドイルという女性に私が会ったかどうかは疑問です。ピンスキーとアデルソンとは、前述したように、会ったとしても偶然にであります。

一九四三年のはじめにわれわれがロス・アラモスに引き移るときまでには、私の見解が変ったことと、戦時下の仕事が非常に緊急性を持っていたことの結果として、左翼団体への参加や左翼の仲間との交際は途絶え、二度とよりはもどりませんでした。

一九四一年の八月に、私は妻のためにバークリーのイーグル・ヒルを購入しました。これが、私たち自身の持った最初の家であります。私たちは生まれたばかりの赤ん坊とこの家に落ち着いて生活しました。友人はたくさんありましたが、暇はほとんど得られませんでした。私の妻は大学で生物学の研究をしていました。知人の多くがレーダーとか、その他の軍事研究部門の仕事につくために去って行きました。私は彼らをうらやましいと思わないでもありませんでした。私がみずから直接に役立ちうる道を見いだしはじめたのは、基礎的な原子力事業に初めて関係してからのことでした。

戦時中

核分裂の発見以来、これを利用した強力な原子爆弾の可能性は、他の多くの物理学者の場合と同じく私の心を大きく占めていました。私たちはこれが戦争でどう使われるか、また歴史の流れにどんな大きな変化をもたらすであろうかをいくぶん理解していました。一九四一年の秋に、アメリカ科学アカデミーによってアーサー・コムプトンを議長とする特別委員会が設置され、軍事目的に原子力を種々用いることの見通しと実行可能性を検討することになりました。私はこの委員会の会合に出席しました。これが原子力計画との私の最初の正式なつながりでありました。

科学アカデミーの会合のあと、私はしばらくの間原子爆弾の製造と実現に関する予備的な計算に従事し、ますますその見通しに心を動かされました。その頃私はまだ、学部と大学院の学生を相手にした研究の仕事という大変な重荷をもっていました。私はまたおおむね規則的に、バークリー放射線研究所の所員とウラニウム同位元素の電磁的分離計画について相談しはじめました。私はその研究所の所員でも雇員でもなかったのですが、そこの幹部の会議や政策会議にしばしば出席しました。私のところの大学院学生二人の助力をえて、オーク・リッジの生産工場で具体化されたある発見を発展させました。私はシカゴの会議に出席しました。ここで（プルトニウムをつくるための）冶金研究所が設立され、そこの初期研究計画がつくられました。

一九四二年の春、コムプトンに呼ばれて私はシカゴへ行き、原爆そのものの仕事の状態を討論しました。この会合の際コムプトンは、この仕事の責任を負わないかと私に申し出ました。当時この仕事は、おびただしいバラバラの研究計画から成っていました。私にはそれまで行政的な経験はなかったし、実験物理学者でもなかったのですが、事情には十分明るいし、この問題は取り組み甲斐があると思っていましたので、喜んで引き受けました。このとき私は冶金研究所の職員になりました。

この協議ののち、私はバークリー理論研究グループを招集しました。これにはベーテ、コノピンスキー、サーバー、テラー、ヴァン・フレック、それに私が加わったのです。われわれは波瀾《はらん》に富む時を送りました。私たちはバークリーで一九四二年の夏のほとんどを共同研究に費し、ここで初めて原子爆弾、核爆発、また核分裂による爆発で熱核反応を起こさせる可能性などの物理的な問題と本格的に取り組むようになりました。私はこの可能性について、夏の終り頃ブッシュ博士の注意を喚起しました。この問題に関する技術的見解はそれらから発展し、変化して今日に及ぶことになりました。

　こうした研究が終ってから、世界を震えあがらせる力をもった事業がさし迫っているということには、ほとんど疑問がありませんでした。アラモゴルドの大爆発、それ以上のエニウェトクの大爆発を、われわれは従来よりたしかな予見をもって見はじめました。われわれには、この仕事がいかに険しく、困難で、挑戦的で、予見しがたいものとなるかがわかりはじめました。

　私は冶金研究所に奉職したとき、最初の人事保障調査表に記入しました。その夏の終り頃、私はかつて左翼グループに属していたという理由から認可が下りるかどうか問題になっているということをコムプトンから聞きましたが、これはこの計画に将来たずさわる上での障害にはならないだろうとのことでした。

夏の終りに、実験研究を検討したあとで、私は同僚と同じように爆弾自体についての研究を全面的に変える必要があると確信するにいたりました。われわれはもっぱらこの目的に捧げられた中央研究所を必要としており、この研究所では人びとが互いに自由に話し合うことができ、理論的着想と実験的発見とが互いに影響し合うことができ、隔絶された多数の実験的研究が持つ浪費と挫折と誤謬とを取り除くことができ、またこれまで少しも考慮を払われたことのない化学・冶金・工学・兵器上の諸問題と取り組むことができるはずでした。したがってわれわれは、原子爆弾をできるかぎり急速に開発し製造する場合に固有なあらゆる問題を直接に取り扱うための研究所を樹立しようと望んだのであります。

一九四二年の秋に、グローヴス将軍がマンハッタン技術管区の責任者の地位に着任しました。私は原子爆弾研究所の必要性について彼と討論しました。この研究所をオークリッジの一部にしようという考えもありました。主要職員を将校に任命するような軍事施設にしようという意見も、一時は支持されました。そしてこの方策をとる準備として、私は一度将校任官のための第一歩を進めるためにある軍事施設へ行ったことがあります。ロス・アラモスで必要とされる職員や、グローヴス将軍やその顧問たちとかなりの討論を重ねたのち、この研究所は、すくなくとも初めは、軍事設備内の文官施設にすることに決まりました。この検討が進行している間、私はグローヴス将軍をロス・アラモスに案内しました。そして、彼はほとんど即時に敷地を得るための処置をとりました。

一九四三年の初めに、私はグローヴス将軍とコナント博士の署名のある手紙を受けとりました。これには、私を研究所の所長に任命すること、またこの研究所がいかに組織され、運営されるべきかについての彼らの所見が記してありました。かくて、必要とされる建設作業と必要な装置の組立てが始まりました。われわれは全員、マンハッタン管区の技術者たちと密接な協力のもとに働きました。

ロス・アラモスの敷地が選定された一半の理由はすくなくとも、この地でならば責任ある人びとが、明白な保安上の必要と、この仕事に従事する人びととの間での自由な情報交換という、これまた等しく重要な必要とを均衡させることができるということにありました。研究所を遠隔の地に移し、垣をめぐらし、巡視させ、外部との連絡を極度に制限することによって、保安を達成することが望まれました。電話は傍受され、郵便は検閲され、この地域を離れる人は——これもはっきりした理由があるときのみ許可されるのですが——行動を監視されているかもしれないことを知っていました。

他方、この社会に属する人たちには、情報を利用する資格を持つ人びとの間での十二分な検討や討論が奨励されました。

一九四二年の終りの数カ月から一九四三年の初めまでかかって、どうにかロス・アラモスは設立されました。現実の課題は、この事業を成功させるような人たちをロス・アラモスに呼んでくることでした。このためにわれわれは、当時においてできるかぎりはっきりと、われわれの技術計画がいかなるものか、いかなる人、いかなる装置、いかなる組織、いかなる計画を必要とするのかを理解しなければならなかったのでした。

要員の徴集計画は大がかりなものでした。当時われわれは、研究所の最終規模を過小評価していたのでありますが――一九四五年の春までに約四〇〇〇名にするはずでした――さらにまた、その頃のわれわれにはこの事業を狂わせ、脅かすようないろいろな困難がはっきりとわからなかったのではありますが、これがともかく大きく複雑で、多様な仕事であることはわかっていました。研究所の第一期計画においてすら、着手のためには非常に優秀で、訓練をつんだ科学者を一〇〇名以上も必要としました。このほか、彼らの助手として必要な技師、職員、機械工や、初手からつくりはじめる余裕がなかったので懇願して借り入れねばならなかった施設についてはいうまでもありません。われわれは、国をあげて戦争に従事し、有能な科学者のほとんどすべてがすでに軍事研究にたずさわっていた時期に、要員募集をしなければなりませんでした。

この最初の重荷が私に負わされたのでした。私は職員募集のために全国をかけまわり、原子力事業に何らかの関係のある仕事にたずさわったことのある人や、例えばレーダーの研究や潜水艦聴音探知器の研究にしたがっている人たちに、われわれのやろうとする仕事や場所を話し、彼らの熱意を求めたのでした。

信頼できる科学者にロス・アラモスへ来てもらうためには、私はこのロス・アラモスの使命が持つ利益と緊急性と、その可能性について彼らの判断をまたねばなりませんでした。私は彼らに、仕事がいかなるものか十分に話し、彼らが他の仕事を離れてこの仕事に移ってくることが正当であることをはっきりさせるために、この仕事がうまくいって成功すれば戦争の結果を左右することになるという強い保証を与えねばなりませんでした。

ロス・アラモスに来たらどうなるかについては、強い疑惑をひき起こしました。そこは軍事施設となるはずでありましたから、人びとには多かれ少なかれ滞在期間について契約が求められ、旅行や家族の移転の自由はきびしく制限されました。また、研究所が必要とする技術的行動の自由を実際に保持しうる程度についても、確信の持てる人はいませんでした。ニュー・メキシコの砂漠のなかへいつまでともしらず消え入り、しかも準軍事的な保護下に入ると考えて、かなり多くの科学者が、さらにそれ以上たくさんの家族たちが困惑しました。しかし、それ以外の面もありました。ほとんどすべての人びとが、事業の偉大さを悟っていました。ほとんどすべての人びとは、もしこの事業が成功裡に十分早く完成されるならば、戦争の結果を決定するかもしれないことを知っていました。そしてほとんどすべての人びとが、科学の基本的な知識と技術とを国家の利益のために役立てるまたとない機会であることを知っていました。さらにまた、ほとんどすべての人びとは、もしこの事業が完成されるならば、それは歴史の一部となるであろうことを知っていました。この感激と献身と愛国的な精神とがついに勝利を得たのであります。私が話し合った人びとのほとんどがロス・アラモスへやってきました。彼らがひとたび来れば、事業の技術的現状をさらに学ぶにつれて、この事業に対する信頼は高まりました。そして、研究所の規模は完成までには倍増され、さらに幾回となく倍増されていったのですが、ひとたび動きはじめるや事業は成功への途を進んだのであります。

　当時われわれは、ドイツが核分裂の分野で仕事をしているという情報を得ていました。われわれは、もし彼らが原爆の開発においてわれわれを追い抜き勝利するならどういうことになるかを意識していました。われわれすべての一致した意見は、また私の受けとったすべての指令は、われわれの仕事の極度の緊急性と、またこの仕事に関する一切の知識が敵に洩れぬよう警戒する必要を強調していました。過去において共産党員と関係を持ち、あるいは同調したとしても、もし人間としての誠実さと信頼性に確信が持てれば、かならずしもその人の雇用資格を奪いませんでした。

　私に関する誹謗的な情報の二項目について、私はここで論評する必要があります。第一は、私がこの期間〔一九四二年から四五年〕に共産党員と原爆問題を話し合ったと報告されている点であります。第二は、原爆計画に共産党員であり、あるいは共産党の諸活動に密接なつながりを持っていた者を雇用した責任があるという点であります。

　第一点に関していえば、原爆と関連を持つ事柄の討論は公務のためか、事業の要員募集のためだけでした。私の知っているかぎり、共産党員とそのような話合いをした事実はありません。機密にわたる私の仕事について、あるいは原爆に関してスティーヴ・ネルソンと討論したこともまったくないことです。

　私がこの計画に疑わしい人物を雇用するよう努力したという言明について述べたい。

言及された人びとのうち、ロマニッツ、フリードマンおよびワインバーグはロス・アラモスに雇われたことはありません。フリードマンとワインバーグが放射線研究所に雇われたことには、私は何も関係はなかったと信じています。私はその研究所での雇用には責任を負っていなかったのであります。放射線研究所の相談に引き続きあずかり、また一部の大学院学生の研究に助言し、提示をあたえていたとき、私はデヴィッド・ボームとチェイム・リッチマンに、高速中性子に関連を持つ実験の解析に有効さを示すと思われた基礎科学の課題をあたえました。この仕事は、ずっと以前に公刊されています。もう一人の大学院学生がロッシ・ロマニッツでした。ぼんやりと記憶にあるのですが、彼と話をしていたとき、彼は国防上の研究に参加する気が進まないと述べたので、私は他の科学者たちが祖国のためにやっていることを彼もやるようにと励ましました。その後、彼は放射線研究所で働きました。彼との話の詳しい内容は覚えていません。もし私が彼に原爆計画の仕事につくよう頼んだとすれば、私は彼が当然人事保障官の調査をうけると想定していたでありましょう。その後、一九四三年にロマニッツが軍務についたとき、彼は手紙で原爆計画にもどれるよう助力して欲しいといってきました。私はその手紙の写しをマンハッタン管区の人事保障官の許へ送付し、その処置に委ねました。またそののち、ロマニッツの求めに応じて、私は彼の指揮官に、彼が軍関係の高等技術研究に適している旨の書簡を送りました。

私はデヴィッド・ボームのロス・アラモスへの転任を要請しました。しかしこの要請は、他のすべての要請と同様、通例の保安上の必要事項が満たされるであろうという仮定を前提とするものでした。したがって私は、保安上の理由によってこの転任には反対があると聞かされたとき、非常に驚いたのですが、もちろんそれに同意しました。デヴィッド・ホーキンズは研究所の人事部長に知られており、私は彼と会ったことがあり、好きだったし、聡明だと思っていましたから、彼をロス・アラモスへ呼ぼうという人事部長の案を私は支持しました。私は、彼が左翼と関係のあることは承知していました。しかし、彼が共産党員であったことを知ったのは、一九五一年三月、彼が証言したときでした。

一九四三年に、私は「かつて共産党員であって当時ロス・アラモスにいた数人の人物を知っている」と述べたようにいわれていますが、私の知っていたのは、ただ一人だけであります。それは私の妻であります。彼女の離党と、彼女の誠実さと合衆国に対する忠誠については論ずるまでもありません。その後一九四四年、四五年に、弟のフランクは、バークリーとオーク・リッジの資格審査を通っていましたが、正式の承認を経てオーク・リッジからロス・アラモスへやって来ました。

私は、ロス・アラモスにおける秘密情報入手のための試みなどは関知していません。私がそこへ赴任するまえ、友人のハーコン・シュヴァリエが夫人と共にイーグル・ヒルの私たちを訪れました。多分一九四三年の初めだったと思います。その訪問の際に、彼は台所の私のところへ来て、ジョージ・エルテントンが技術的な情報をソヴェトの科学者に伝えることができると彼にいったという話をしました。私は烈しく、そんなことをするのはひどい間違いだと思われるという意味の注意をしました。話はそれきりでした。長い交友からみても、シュヴァリエが実際に情報を探していたと私が信ずべき理由はなかったし、また、私の従事している仕事について彼は何も気づいてはいないと私は確信していました。

この出来事を私が即刻報告すべきであったことは、以前からわかっていました。私がこれを報告するきっかけになった出来事は——私の報告がなかったらわかっていたかどうか、疑問に思うのですが——、それとは関係がありません。一九四三年の夏に、マンハッタン管区の諜報将校ランズデイル大佐がロス・アラモスに来て、バークリーの保安状況は「建築家・技師・化学者・技手連合」（ＦＡＥＣＴ）の活動があるので心配している、と私に語りました。その話で私は、エルテントンがＦＡＥＣＴの会員であり、多分発起人であったことを思い出しました。その後まもなく、私はバークリーへ行き、保安官にエルテントンは注視するがよかろうと告げました。その理由を聞かれたとき、私は自分やシュヴァリエのことには触れなかったが、エルテントンは第三者を介して原爆計画にたずさわっている人たちに接近しようと試みたと答えました。のちにグローヴス将軍が詳細を知らせよと促してきたとき、私は彼にシュヴァリエとの会話のことを話したのです。いまでもシュヴァリエは友人だと私は思っています。ロス・アラモスの話は長くて、混み入っています。その一部は公表されています。私にとってこの時代は、仕事と、決裁や対策や相談を要することとがいっぱいあって、他のことに手を出す余裕などありませんでした。私は家族と共に、ロス・アラモスという社会に住んでいました。そこは終始献身的でいちじるしく無私な、気高い使命感・義務感・運命感によって鼓吹された特異な社会でありました。ロス・アラモスの生活には、いらいらさせられることがたくさんありました。保安上の制限（多くは私自身の発案によるものでした）、従来のものとは異なる軍事施設であるための不便さと避けがたいぎごちなさ、物資の欠乏、不公平、また研究所自体においては計画が進行するにつれ、技術的な仕事の違った面に重点が移されることなど。しかし私は、これ以上に共同の目的を理解し、それに献身し、これ以上に個人の便宜や名声を放棄し、これ以上に祖国の歴史上に自分たちが果たしている役割を理解していた集団を知りません。再三われわれは技術上の仕事において、万事休するような難関にぶつかりました。再三研究所員全体が集まり、新しい問題にぶつかり、仕事を続けました。われわれは夜も昼も働き、そしてついに、多くの仕事がなしとげられました。

科学者のこうした困難な、忠誠な研究は一九四五年七月一六日の爆発試験に実を結びました。それは成功しました。陸軍省の人たちやその他情報に通じている人たちから見れば、この成功は四囲の状況からしてこれ以上早くはできなかったろうし、むしろ予想以上の成功であった、と私は信じています。陸軍長官やグローヴス将軍、その他多くの人たちの口ぶりから、政府の見解としては、この成果に満足しているということがわかりました。当時、ロス・アラモスにいたわれわれとしては、この満足感を共にせずにはいられなかったし、私としては、私がこの事業を首尾よく運営し、成功のための主役を演じたという結論を受け入れずにはいられなかったのです。しかしここでいっておく必要があるのですが、私以外の多くの人びとが決定的な着想に寄与し、この事業を成功に導いた仕事を遂行したのであり、私の役割といえば、理解し、激励し、助言し、決定することにあったのだということです。それは独り舞台とはまさに正反対のものでした。

七月一六日の核実験と日本に対する原爆使用のまえに、すでに研究所の所員たちは、進行している事態の重要性を新たに感じていました。初期の頃、成功がさほど確実でなく、その時期も不確実であり、ドイツと日本に対する戦争が苛烈な局面にあった頃には、われわれにはなすべき仕事があると考えるだけで十分でした。けれども、ドイツが敗れ、太平洋戦争が終局に近づき、われわれの事業の成功もほぼ確実となるに及んで、このわれわれのめざましい開発が未来にとって何を意味するかについて、希望を感ずるとともに不安を感じたのであります。われわれは一般大衆よりも少しばかり早くそう感じたのですが、それはわれわれがこの技術的開発を身近に、秘密裡に見ていたからです。しかしその本質は、広島と長崎に対する原爆使用後の大衆の反応と大体同じでした。

したがって、一九四五年の春にスティムソン陸軍長官から、コムプトン、ローレンス、フェルミとともに、原子力暫定委員会の諮問委員になるよう頼まれたとき、私がこの機会を歓迎したのは当然でした。われわれは一九四五年六月一日、この委員会と会合し、広島と長崎が原爆攻撃されつつあった週にも、ロス・アラモスに集まって、原子力の技術的将来がいかなるものとなるか、つまり誘導弾のための原子弾頭、原爆の設計改良、熱核兵器計画、動力利用、推進動力への利用、原子技術のうちで科学・

医学・工学上の研究に使える新しい器具などについて、概略の見通しをつくりました。この仕事のために私は、九月と一〇月の時間をほとんどとられ、また、この仕事と関連して、原子力立法について、また予備的にではあるが原子力国際管理について、陸軍省と国防省の諮問に応ずることを依頼されました。

私は一九四五年一〇月一六日、ブラドベリー海軍中佐が私の後任となることについて、ブラドベリーとグローヴス少将の同意を得て、ロス・アラモスの所長を辞任しました。

当時研究所には、覚書や報告の形で、またグローヴス少将への書簡として私が要約した形で、原子兵器開発は記録になっていました。この開発は完成までに何年もかかるもので、実際にそれ以降ロス・アラモス研究所の——すべてではないにせよ——研究テーマを提供していました。とはいえ、わが国における原子力兵器研究が将来ロス・アラモスで続けられるべきか、それはロス・アラモスに限られるべきか、あるいはほかのもっと便利な実際的な場所ではじめられるべきか、さらにまた国際協定はこうした計画にどんな作用を及ぼすのか、これらについてはかならずしも明確でありませんでした。しかし、ともかくロス・アラモスは、その将来の問題を決定する権限を持つ機関がつくられるまでは、仕事を続けなければなりませんでした。こうした状態が約一年続くことになりました。

戦後の活動

一九四五年一一月、私はカリフォルニア工科大学の教職に復帰しました。この仕事に専念したいという志と希望とは、しかし実現しませんでした。すでにはじまっていた戦後の諸問題についての諮問がはじまり、私はたびたび政府からも議会からも原子力に関して助言を求められました。私は、原子力の開発によってわが国が当面している多数の問題に対して、深い責任と関心と懸念とを感じていました。

　この開発は、自由世界とソ連との間の衝突を進展させ、増大させる歴史上最大の要因となりつつありました。私や他の科学者が助言を求められた場合、私たちの第一の義務は私たちの技術的経験と判断を用立てることでありました。私たちは、わが国の軍事的および政治的情勢に関する政府の公的見解の文脈において、またそれを背景として、こうすることを求められたのです。戦争直後に、私は、原子兵器の国際管理に対する有効な方法、当時の言葉をもってすれば、戦争そのものをなくす方向に向かわせるような方法を考案する仕事に熱中しました。成功の見通しが遠のくにつれ、またソヴェトの敵意と軍事力強化の確証が積み重なるにつれ、私たちはソヴェトの脅威を緩和することにわが原子力を適用する道を見いだす仕事に献身しなければなりませんでした。ソヴェトにおける最初の核実験、朝鮮戦争、中共の戦争介入といった事件に特徴づけられるあの時期に、私たちは長期の課題を忘れてはいなかったけれども、さし迫った全面戦争の脅威のもとでアメリカの力を急速に築き上げる当面の措置に一意専心しました。わが原子力の潜在力が増大し発展するにつれて、私たちは敵側の同様な発展に伴う危険を意識しました。かくして、予防的・防衛的な措置が私どもの一大関心事となりました。この時期を通じて、原子兵器の役割は中心的なものでありました。

戦争が終って西部沿岸に帰ってから、一九四七年の春にプリンストン高等研究所長として赴任するまでの間、私は家庭で過ごす時間とカリフォルニア大学で教育に従う時間とをほとんど持つことができませんでした。一九四五年の一〇月には、パターソン陸軍長官の求めによって、私は下院軍事委員会に出頭し、メイ＝ジョンソン法案を支持する証言をしました。私はこの法案を、マンハッタン管区による戦時管理から原子力企業の戦後管理への、大いに必要とされた移行を遅延なくおこなうための中間的措置として支持したのです。一九四五年一二月およびその後、私はマクマホン上院議員の要請で、彼が委員長となっている上院原子力特別委員会に出頭しました。この委員会は原子力立法を審議していました。また、グローヴス少将によって設置された、リチャード・トールマン博士を議長とする原子力に関する機密保持政策を審議する委員会の一員となりました。一九四六年のはじめ、二カ月間、私は国務長官直属の原子力委員会の諮問会議の評議員として間断なく仕事をしました。この諮問会議は国務長官直属委員会に協力して、いわゆるアチソン＝リリエンソール報告を作製しました。この報告が公刊されたのち、私は公けにこれを支持する発言をしました。その少しあとでバルーク氏が国連原子力委員会のアメリカ代表に任命されたとき、私は、バルーク氏およびアメリカ案への支持を獲得するための工作を準備遂行する直属の科学顧問団の一員となりました。オスボーン少将がこの仕事を引きついだときも、私は顧問を続けました。

一九四六年の末に、私は大統領によって原子力委員会の一般諮問委員会の一員に任命されました。その最初の会合で私は議長に選出され、のちに再選されて一九五二年に任期が終るまで、その地位にありました。これが、原子力計画に関するかぎり、その数年間の私の主要な任務であり、学術的な仕事を別とすれば私の主要な関心事でありました。

その後まもなくして、私は研究開発局の原子力委員に任命されました。これは原子力計画の技術的側面に関して軍当局に助言をすることになっていました。私は七年間これを勤め、またこの委員会によって設置された特別会議の議長に二度指名されました。

そうしているうちに、私は原爆の主要な開発者あるいは主要な発明者と広くみなされるようになっていました。それが事実が証明する以上に広く認められたものであることは、私のよく知るところでした。控え目にみても、私は一種の公的な名士になっていました。それ以来私のところには講演の申込みや、多数の科学活動や公事への参加を求める申込みが、洪水のように押し寄せました。申込みの大半を私は引き受けませんでした。ただ科学や学問の促進のために重要なもの、あるいは私の信念に合致する公的政策の促進のために重要なものは引き受けました。例えば、アメリカ科学アカデミー評議員会、「現在の危機」に関する委員会、ハーヴァード大学監査委員会、その他多数がそれです。

それらとはまったく別な、独特な事柄が、誹謗的情報の一項目に取り上げられています。すなわち、一九四六年に私は「下院非米活動委員会が共産党外郭団体と指定した『芸術・科学・自由職業の独立市民委員会』のレター・ヘッドに副議長として記載されていた」というものです。事実はつぎのとおりであります。一九四六年、私が原子力国際管理の問題で仕事をしているとき、私はこの団体の副議長に指名され、ついで選出されたという通告を受けました。そして、その団体の文献には「中国からのアメリカ軍撤退」というようなスローガンが書かれており、アメリカの原子力政策に対する当時のウォーレス商務長官の批判を支持していることがわかったので、私は一九四六年一〇月一一日付の手紙で、自分はこの団体の政策に同意しないこと、ウォーレス氏の勧告が原子力国際管理に満足すべき解決を見いだすという主張を促進するとは思わないこと、したがって辞任を希望する旨を述べました。私の辞任を思いとどまらせる努力がなされたので、私は一九四六年一二月二日再び手紙を書いて、あくまで辞任を主張しました。

戦後しばらくたってから、ある事件が起こりましたが、これが誹謗的情報の項目のうちの一つの基礎となっているように思われます。一九五〇年五月、元共産党役員ポール・クルーチとクルーチ夫人が、カリフォルニア州の非米活動委員会で証言し、一九四一年七月に彼らは、当時バークリーで私の借りていた家での共産党の集会に出席したと述べました。彼らは、その後約八年を経て見た私の写真と映画にもとづいて、私が出席していたのを知ったのだと述べました。この虚構の事件について連邦捜査局が初めて私に問い合わせてきたとき、私はクルーチのいうような集会はまったくなかったと確信していました。私の妻も、そのことを話し合ったら、同様でした。その後、例の証言を読むにおよんで、さらに私の確信は強まりました。クルーチはその集会が共産党の秘密集会だったといっているのです。私は共産党員であったことはありません。クルーチはその集会ではお互いの紹介はなかったといっています。私は紹介もされない人びとの一団を、自分の家に迎えた覚えはありません。一九五二年五月、私はこの虚構の集会について、ワインバーグ事件〔ジョゼフ・ワインバーグが共産党員であったことを否認した廉により偽証罪に問われた起訴事件〕と関連して、連邦検事と再び話し合いました。私はもう一度、つぎのようにいいました。――自分は共産党員ではなかったのだから、共産党の秘密集会に出席するはずがないこと、いろいろ記憶をたどった結果、ただ一つ心当りに思われたのは、大学の誰かがいつであったか若い人たちが集まりたいので家を貸してくれと頼んだという、至極ぼんやりとした記憶であるが、しかし、その集まりがあったという覚えはないし、クルーチのいうところにほんのわずかでも似かよった会合すら記憶にないということ、また、クルーチがそれまで大体七月二三日頃といっていた集会があったときには、私と妻とはバークリーにはいなかったように思うということ。その後まもなく、弁護士の助力によって、私と妻とは一九四一年七月四日後数日のうちにバークリーを立ち、八月の第一週の末頃までは帰らなかった事実を立証することができました。

さてつぎに、一般諮問委員会議長として、そしてその他の資格で、私が戦後何年かの間に、侵略に抵抗しこれを打破するためアメリカとその同盟国の力を増大させようとして主張した措置の若干について説明する必要があります。

一般諮問委員会の創立当初のメンバーは、当時のハーヴァード大学総長コナント、カリフォルニア工科大学総長デュブリッジ、シカゴ大学のフェルミ、コロンビア大学のラビ、ユナイテッド・フルーツ会社副社長のロウ、カリフォルニア大学のシーボルグ、シカゴ大学のシリル・スミス、デュポン会社のワージントンでありました。一九四八年にはベル電話会社研究所長であったバックリーがワージントンに代わり、一九五〇年の夏には、フェルミ、ロウ、シーボルグが、それぞれシカゴ大学のリビイ、スタンダード石油開発会社社長のマーフリー、マサチュセッツ工科大学のホイットマンに代わりました。その後スミスが辞任し、高等研究所のフォン・ノイマンが後任になりました。

一九四七年の初めから一九五二年なかばにいたる数年間に、委員会は約三〇回の会合を開き、ほぼ同数ほどの報告書を原子力委員会に提出しました。政策の立案と巨大な原子力企業の管理とが、原子力委員会そのものに課せられた責任でした。一般諮問委員会は規約によって、原子力委員会に助言を与える任務を持っていました。こういう資格においてわれわれは、原子力委員会から諮問された問題についていろいろな見解を述べ、われわれが創始した重要な技術事項に対して委員会の注意を喚起し、また委員会直轄のいくつかの主要諸施設の仕事を励まし、支援しました。

一九四七年の最初の会合の一つで、われわれは何を優先させるかについて、委員会の見解をまとめあげる仕事にとりかかりました。そして、原子動力の開発と、それに関係した領域での強力な基礎科学活動の支持と維持が重要なものであることについて意見の一致をみた一方、われわれは第一の優先性を原子兵器の問題においたのでした。当時われわれは原子力委員会に、その手はじめの仕事の一つが、ロス・アラモスを原子兵器の開発と改良のための活動的なセンターに転化することであると進言しました。戦争直後の一九四五年—四六年の時期には、ロス・アラモスの目的は多様でした。それは原子兵器の研究をおこなうアメリカ唯一の研究所であったのです。同時にロス・アラモスは、兵器計画とは間接のつながりしかない科学上のいろいろな事項についても広い関心を持っておりました。われわれは原子力委員会が研究所の中心的な第一の計画として原子力兵器の改良と多様化を認めるように、そしてこの仕事に第一の優先性を与えるように提案しました。われわれはさらに委員会が行政的措置を講ずることによって、ロス・アラモスの仕事を魅力的なものとし、研究所の要員募集を援助し、原子兵器設計を指導する強力な理論部局の建設を助け、戦時中研究所員であった才能ある優秀な人物を顧問として有効に利用するよう提案しました。ロス・アラモス研究所長との緊急な協議を経たうえで、われわれは、個々の兵器の破壊力を増大させて貯蔵兵器の価値を増大させ、また現有の貯蔵および今後の貯蔵を最大限に活用し、現代の戦闘条件や搬送形態に適した兵器を供給し、これらを総合して現在アメリカが持っている兵器の効果を最大にするような方策を促進し、支持しました。

　われわれはサンディナに、使用できる兵器体系のなかに原子弾頭を繰り入れることを主要目的とした研究所を設立する案をつくり、促進しました。ロス・アラモスの職員の同意のもとで、われわれはそもそもの初めから原子兵器の実験計画なしには、兵器発展上の根本的な改良など不可能であるという見解をとっていました。われわれはそのような計画を強力に支持し、ロス・アラモスが希望する実験をおこなう許可を得るよう助力し、その仕事をやりやすくするため常設兵器実験場の設置と、大陸実験場の採用を促進しました。時が経ち、原子兵器の開発が進むにつれて、われわれは原子弾頭の完成および、それらの性能を最大限に発揮させる搭載機、航空機、誘導弾などの開発の重要性を強調しました。

　われわれは、生産工場の拡大により、また原料資源を拡大する野心的な計画により、わが国の兵器庫を量においても質においてもいちじるしく増強できると確信しました。軍事上の要求を定式化することはわれわれの機能ではありませんでした。われわれが機能とみなしたのは、現存する工場の規模も、原子力委員会のひきついだ現存工場の作業様式も、さらに原料物資が高含有度の鉱山に限られていることも、原子兵器計画を制限するものではないと指摘することでした。

　一九四六年から一九五二年までの六年間に許可された四つの大拡充計画は、一九四六年にひきつがれた生産計画をはるかに上まわらせるという、原子力委員会、軍部、両院合同原子力委員会、およびその他の政府諸機関の決定を反映したものでありました。そして、原子兵器の強力な兵器庫と、今日わが国軍事力の主要な源泉となっている軍事的用途の多様性に適応しうる兵器の多様性とは、これらの決定の結果を反映しています。一般諮問委員会の議事録、報告書、その他の活動の記録が示すように、同委員会は諮問グループとしての役割の範囲内で、これらの結果をもたらした諸措置を全会一致で奨励し、支持し、時には提唱して、重要な、首尾一貫した役割を果たしたのであります。

一般諮問委員として、また個人として、われわれはその他の事項についても助言を求められました。一九四五年の一〇月に、はやくも私は全国科学財団設立のための最初の措置であるキルゴア＝マグナソン法案について上院の委員会で証言をしました。多くの科学者と同様、私も戦時下の混乱の時期を終えてアメリカに健全な科学者の共同体を再建する措置がとられることに関心を持っていたのです。一般諮問委員会においてわれわれは、原子力委員会が原子科学を後援するために、直属の研究所において、またわれわれが基礎科学的なものを前進させるための科学者の訓練を仰がねばならぬと思っていた大学センターにおいて、できるだけのことをするよう勧告しました。戦後の時期を通じて私は同僚とともに、基礎科学を継続的に後援し、促進させることが重要であり、そうすることによって、軍事研究や応用科学に払われる努力と、純粋な科学的訓練と他の一切のものにとって不可欠な研究に払われる努力との間に健全な均衡ができるようにしなければならないと強調しました。われわれは原子力委員会が、適当な形態でまた適当な予防措置をともないながら、トレーサー物質、アイソトープ、放射性物質を配給して入手できるように決定したことを支持しました。これらのものは、医学・生物学・工学・純粋科学・農業において非常に建設的な役割を果たしているのであります。

われわれが潜水艦および艦船の推進用原子炉の開発に対して賛意を示したのは、これらが単に直接の軍事的価値を有していたからだけではなく、これが重要な原子炉開発計画において有利な前進的な一歩を推し進めると思われたからでした。われわれは概して、航空機の推力に原子力を用いるという、きわめて野心的な計画に最初は懐疑的でした。もっともわれわれは、それらの研究を主張し、研究によって次第に計画は実現の可能性を高めていきました。またわれわれは、カナダおよびイギリスの原子力施設と密接に協力することでアメリカの技術的利益が得られることを、繰り返し原子力委員会に指摘しました。

しかし、私が一般諮問委員として奉職していた数年間を通じて、委員会の主要な関心は原子兵器の製造と完成にありました。私がこれまでに述べたさまざまの勧告については、私の記憶するかぎり、委員会のメンバーの間にいちじるしい意見のくい違いがあったことは一度もありません。もちろん、以上にあげた勧告は委員会の仕事の非常に小さな標本にしかすぎないけれども、それは典型的なものなのであります。

その後にひき起こされた論争を顧慮して、私は超兵器すなわち熱核兵器の問題を、別個に論ずるために残しておきました――わが委員会はこの問題を全兵器計画の一局面と考えていたのではありますが――。

超兵器自体は長い研究の歴史を持っており、前にも述べたように、ロス・アラモスが建設される以前の一九四二年のわれわれの最初の研究に始まっております。それは戦争中を通じてずっとロス・アラモスの研究と調査の題目となっていました。戦後ロス・アラモス自身が、原子力施設に必要な法律の制定にひまどって、おくれをとったのは避けがたいことでした。マクマホン法の制定、原子力委員会および一般諮問委員会の任命によって、われわれ一般諮問委員はこの問題について、一九四七年と一九四八年の初期の会合で討論する機会を持ちました。その時期に一般諮問委員会は、技術的観点からしてこの問題がまだきわめて不明確な状態にあることを指摘し、当時、超＝熱核方式の地道な検討に向けられていたロス・アラモスの努力を励ますよう要望しました。その後超兵器についての重大な論争は、一九四九年の秋にソヴェトの核実験があるまで起こらなかったのです。

ソヴェトの核実験の直後、一九四九年一〇月、原子力委員会は一般諮問委員会の特別会議を招集し、二つの相関連する問題について考察し、勧告するよう要請しました。第一の問題は、ソヴェトの核実験の成功に照らして、原子力委員会の計画は適切であるかどうか、もし適切でないとすれば、いかに変更され、または増強されるべきであるか、第二の問題は、超兵器開発の強行計画を新しい計画の一部に繰り入れるべきか、ということでありました。諮問委員会は、関連ある行政部門の文武官のさまざまな人びとと協議して二つの問題を審議し、一九四九年一〇月に原子力委員会に答申した報告に述べられた結論に到達したのでした。

この報告は、われわれ諮問委員に提起された第一の問題に答えて、原子力委員会がわが国原子兵器の全面的優位性を、さまざまな方法で増大させるためにとるべき多種の措置を勧告しました。

超兵器自体については、一般諮問委員会はわれわれが助言を求められていたような強行計画をアメリカが開始することに、全会一致で反対すると述べました。本会合の報告書および書記のノートは、われわれがこういう結論に達した理由を示しております。政治上および政策上の考察をより多く取り扱った付属文書は、とくに――報告書本文は主として技術的な性質のものでありました――委員会のメンバーに見解の相違があったことを示していました。付属文書は二つあり、一つにはラビとフェルミが署名しており、もう一つにはコナント、デュブリッジ、スミス、ロウ、バックリーそれに私が署名してありました（委員会の第九人目のメンバーであるシーボルグは当時外国にいました）。

極度の難問を審議した八名の者が全部、寸分たがわぬ理由から一つの結論に達したとすれば、それこそ驚くべきことであったでしょう。しかし私は、強行計画に対して表明した全会一致の反対が、当時のわが国の情勢全般からして、このような計画はアメリカの地位を強化するよりもむしろ弱めるものであるという信念、技術的考慮と並んでその他の考慮にもとづく信念に基礎をおいていたのであった、と主張しても正しいと考えます。

報告書を原子力委員会に提出してのち、私は諮問委員会の議長として、責務上数回われわれの立場を説明する機会を持ち、一度は両院合同原子力委員会の席で説明しました。しかし、これはすべて熱核兵器計画を推進せよとの大統領決定がおこなわれる以前のことであります。

これが私の「水爆反対」の真相であります。これは、両院合同原子力委員会における私の証言速記録を読めばわかることです。そしてこの話は、一九五〇年一月に大統領が計画実施の決定を発表したとき、きっぱり終りになったのです。私は一度も、水爆計画の仕事をするなと人に説いたことはありません。また、私は一般諮問委員会の報告を、原子力委員会を除けば、どこにも配布したことも配布させたこともありません。通例通り、報告書をその後どこに配布するかを決定するのは原子力委員会の責任でした。

要するに、一九四九年一〇月、私および一般諮問委員会の他のメンバーは、原子力委員会より諮問をうけ、それに対して答申の義務をわれわれは有し、当時入手しえた証拠に照らしてわれわれは最良の判断にもとづいて答申をしたのであります。

一九五〇年一月に大統領の決定が発表されたとき、われわれ諮問委員会は再び会議を開き、原子力委員会が大統領命令を実施するに際して当面する技術的課題にただちに立ち向かいました。われわれは当時とそれに続く会合において、これらの課題を解決する最も有望な方法について助言を与えようと努力しました。われわれは当時確立された政策の是非を再び論ずるようなことはせず、むしろこの政策を実現させることに心をくだいたのでした。この時期に、生産設備増強のためにわれわれのおこなった勧告のうちには、核分裂爆弾用の原料生産にも、熱核兵器計画に役立つ原料の生産にも適した二重の目的を持つ工場設立案が含まれていました。その後原子力委員会の採択したサヴァンナ河計画は、実施面においてこの勧告に従ったものであります。

一般諮問委員会が超兵器強行計画に対して反対した話は、大統領の決定発表をもって幕を閉じたのですが、計画の評価や助言の必要はずっと続きました。大統領決定の以前にも以後にも、途方もなく大きな技術上の難問がありました。われわれが有望であると判断した新しい開発を報告し、所与の兵器あるいは同種の諸兵器が実際的でなく、実現困難あるいは不能と思われるときは、そのことを報告するのが、いうまでもなく、私のつとめた他の審議会と同様、この諮問委員会の第一の義務でありました。たとえ私の見解を支持するものがほかになくとも、それを報告することが私の義務だったでしょう。しかし事実上は、こうした事柄についてのわれわれの見解は、ほとんどいつも全員一致でありました。さらにまた、この仕事に責任を持って従事している人たちとの討論において、私が最良の判断と信ずるところを述べることは私の当然の職責でありました。

熱核兵器開発の全期間を通じて、われわれがその実現性について判断をおこない、それを表明することの必要な機会がしばしば起こりました。大統領決定の以前にもそうであったし、決定以後にもそうでありました。一九四九年一〇月の報告書において、われわれは貴信の述べているように「想像力を持ち、協力して問題に取り組めば、五年以内に水素爆弾を製造するチャンスは五分五分よりも多い」という見解を表明しました。その後ロス・アラモスでおこなわれた計算と測定によって、われわれはそれよりずっと悲観的な見解を持つようになりました。さらにその後ずっと経って、すばらしい発明により非常に有望な開発のおこなわれる可能性が生まれました。これらの各段階において、一般諮問委員会は、そしてその議長およびその他諸機関のメンバーとして私は、うまくいきそうもないこと、うまくいきそうなことの評価をできるかぎり忠実に報告しました。

一九五一年の春に、原子力委員会の全熱核兵器計画に関して最終的な決定が要求される段階にまで、事業は進捗しました。私は、原子力委員会と協議のうえ、同年の晩春プリンストンに会議を招集し、この会議には原子力委員会の全員とその職員の数名、一般諮問委員会のメンバー、ブラドベリー博士とロス・アラモス研究所幹部、ベーテ、テラー、バッチャー、フェルミ、フォン・ノイマン、ホイーラー、その他計画に責任ある人びとが出席しました。会議は二、三日続きましたが、その結果として、意見の一致をみた計画が生まれ、それの優先性が確定され、ロス・アラモスに対しても原子力委員会の仕事の他の面に対しても努力が払われることになりました。この計画は大きな成功をおさめたのであります。

一般諮問委員会の仕事が続いたほかに、私は他の任務も引き受けるよう求められました。一九五〇年の末か一九五一年の初めかに、私は大統領によって、国防動員局および大統領に助言する科学諮問委員に任命され、一九五二年には、国務長官によって、軍備およびその調整について助言する委員に任命されました。また私は、大陸防衛、民間防衛、および地上戦闘を掩護するための原爆使用に関する諮問委員もつとめました。これらの職務の多くは報告書の作成を必要としましたが、私はその作成に従事したり、あるいはその作成に責任を負ったのであります。これらは私が過去八年間に政府に与えた助言の記述として、一般諮問委員会の報告書を補うものであります。

この手紙において私が書いたのは、私の経歴のうちで、現在原子力委員会で問題となっている論点に関連あると思われるものに限られています。私の経歴についての視点をしぼるために、多くの事柄についてきわめて簡単に触れるにとどめました。私の行動あるいは見解がソヴェトないしは共産主義の利益と相反していたケース、および私の自由への献身を証明し、あるいはアメリカの活力、影響力および支配力に寄与したケースについては、簡単に触れただけか、あるいは触れるのを断念せざるをえませんでした。

この手紙を草するにあたって、私は生涯のうちの二〇年間を回顧しました。私は賢明に行動しなかった事例も想起しました。私が望んでいたのは、私がまったく失敗を犯さないことではなくて、失敗から学ぶことであったのです。そして、私が学んだことは、私が以前にもまして祖国に仕えるに適したものとなったことである、と私は考えます。

敬具

一九五四年三月四日

ニュー・ジャージー州プリンストンにて

J・ロバート・オッペンハイマー

原著者について（訳者）

著者の経歴は、彼みずからがニコルズ事務総長への手紙（「オッペンハイマーの弁明」参照）において述べているが、読者の便宜のために、そこで触れていない点をまとめておく。

オッペンハイマーは、アルバート・アインシュタイン、エンリコ・フェルミなど、いわゆる亡命科学者と異なり、きっすいのアメリカ科学者である。彼は一九〇四年にニューヨークで生まれ、一九二五年にハーヴァード大学を卒業したが、そこにおいて彼が見いだした師は、一人は実験物理学者パーシー・ブリッジマンであり、もう一人は数学者であり哲学者であったA・N・ホワイトヘッドであった。ブリッジマン教授は、ロバートの利発さに感嘆を惜しまなかったといわれるが、ロバートは精力的に図書館に通い、あるいはダンテをイタリア語の原典で読み、あるいは哲学に、中国語に、数学に熱中したという。

ハーヴァード卒業後、彼は渡英してケンブリッジ大学のキャヴェンディッシュ研究所に学んだ。幸運にも彼はそこで、当時の物理学の泰斗《たいと》、ラザフォード卿、マックス・ボルン、ニルス・ボーア、Ｐ・Ａ・Ｍ・ディラックなどと、またＰ・Ｍ・Ｓ・ブラケットと接する機会をもった。ボーアとの親交は、ロス・アラモスでの生活にまで続いたのである。ケンブリッジでロバートの才能を認めたボルンに招かれて、彼はその頃、高等数学の聖地といわれたゲッティンゲンに移った。一九二七年のことである。そこで彼は、在学三週間にして博士号を得た。学位論文名は「連続スペクトルの量子力学理論」という。ゲッティンゲンからチューリッヒ、ついでオランダのレイデン大学に滞在して、一九二九年ロバートは故国アメリカに帰り、カリフォルニア工科大学、カリフォルニア大学の助教授となった。この二つの大学には一二年にわたって奉職した。帰国後一九年の間、ロバートはアメリカを離れなかった。

帰国後のオッペンハイマーは、絶えず物理学の前進に指導的な役割を果たした。そのなかではＣ・Ｄ・アンダソンが宇宙線の観測に際して発見した新粒子がディラックの電子論から推定される陽電子であることを指摘したり（一九三二年）、湯川理論の中間子がアンダソンの観測に現われたことを指摘したこと（一九三七年）などが著名であり、その後も宇宙線シャワーの機構や、重陽子衝撃による原子核反応に現われる異常性（オッペンハイマー・フィリップ効果）の研究によって、中間子理論の発展につくした。

こうした指導性は、やがて戦時下の原爆製造という大事業、いわゆるマンハッタン計画の遂行に際し必要不可欠のものとなり、請われてロス・アラモス研究所の所長となるのである（一九四二年）。

彼は戦後ただちに所長の地位を辞し、研究生活にもどろうとするが、それは許されず、しばしば政府と議会から原子力に関して助言を求められ、ワシントンとカリフォルニアを往復する生活が続いた。

その後一九四七年原子力法の制定にともない、原子力委員会の一般諮問委員となり、この仕事は一九五二年まで続いた。カリフォルニア大学および同工科大学の地位は一九四七年に辞し、同年春以来プリンストン高等研究所長となり、一九六六年までその地位にあったが、翌一九六七年二月一八日喉頭ガンで没した。享年六二であった。一九五三年の公職追放の解除には時間がかかった。一九六三年一二月ケネディ亡き後大統領に就任したジョンソンの手から原子力委員会最高の名誉であるエンリコ・フェルミ賞がオッペンハイマーに手渡されたのである。追放当時の原子力委員会委員長L・

ストロースは一九五九年政界から消えた。

さて、原爆製造の指導者としてその名が広く知られているわりに、オッペンハイマーの思想はそれほど知られていないように思う。

一九五三年一二月、原子力委員会が彼に追放を伝達するまで、戦後におけるオッペンハイマーの立場は複雑であった。それは、祖国アメリカを愛し、科学を愛し、しかも国家機構のなかで高度の地位にある者が、当然持たねばならなかった複雑さであったともいえよう。

第二次大戦において民主主義陣営の科学者たちは、ファシズム打倒のために総力を結集した。原爆製造の大事業は科学者の努力の頂点をなすものであった。この事業にオッペンハイマーが積極的に参加したことはいうまでもない。そしてこの態度は基本的には、アインシュタイン、ブラケット、ジョリオ・キューリーなどと比較してみて、いかなる相違点も持たない。けれども、大戦の結末がようやく輪郭づけられはじめ、原爆も完成間近くなってくるとともに、いま挙げた三人の科学者とは見解が違ってきた。その相違点は、広島・長崎への原爆投下という歴史的な事件によって鮮明になった。オッペンハイマーは実に、エンリコ・フェルミなどの一般諮問委員の一人として、日本への原爆投下に反対したフランク報告を却下し、投下の遂行を肯定したのである。この事実は、われわれが日本人として確認しておくべき点であろう。しかし、さきの三人の科学者との思想上の共通点こそ、科学における秘密と統制の問題や、アメリカ大陸防衛論争、水爆製造論争において著者が勇敢に闘う原動力となり、やがては公職追放を招くものであったことも、さらに強調しておかねばならない。

著者は、所長として精魂を傾けた原爆の研究所を去った直後、一九四五年の一一月、「原子兵器」と題する講演でつぎのように述べた。「ロス・アラモスでおこなわねばならなかった科学上の研究には……基礎的な発見というものはほとんどなく、物理的世界の本性への大きな新しい洞察が少しもなかった」。しかも、研究所には、その多くが彼の提案によるものであったとはいえ、保安上の大きな制約があった。こうした秘密と統制こそは、科学の存在自体の根本を危うくするものなのであった。彼が戦争の終焉とともに、ただちに研究室に帰る決意を固めたのは、そうした理由にもとづくのであろう。

はじめにかかげた講演「原子力時代と科学者」は、一九四五年一一月におこなわれたものであるが、このなかで著者は原子兵器製造の過程において感じ、考えたところをこまかく述べている。所長としての職を離れたとはいえ、公的な発言に細心の注意を課せられていた彼の言葉は、きわめてわかりにくい表現に終始している。この特徴は、原子力に関する発言に一貫するところであろう。しかしながらわれわれは、そうした表現の底を貫く、科学者としての透徹した眼を感ぜずにはいられない。この講演で、彼は原爆出現の意義を冷静に、正確に把握せねばならないと強調した。この意義を考えるにあたっての、彼の歴史的・文明論的な分析は非常に壮大なものである。これはもとより、著者の該博な知識なくしては不可能であったろうが、それはまた実に、直接の体験のなかからにじみ出た感慨ではなかったろうか。

戦後の世界に投げ出された原子力管理という問題に対して、著者の思想はバルーク案という形で結晶する。バルーク案とは、一九四六年六月に開かれた第一回国連原子力委員会会議で、米国代表Ｂ・バルークが提案した原子力国際管理案で、原子力におけるアメリカの優位を譲るまいとする案である。また、彼の思想は発展途上国開発計画、いわゆるポイント・フォア計画の積極的支持に表われる。国連に提出されたバルーク案は実現されずに終り、原子力をめぐる二つの体制の対立は深刻の度を強めていった。この一方の体制の最高政策に関与できる科学者として、著者はつねに自分の思想体系に忠実であった。バルーク案の理想主義的な肌合いも、彼の思想を示すものであろう。

著者が自分の信念にもとづく行動において、最も大きな問題としたのは、科学におけるもののみならず、秘密と統制の問題であった。水爆製造の可否をめぐる論争にしても、国民の眼から隠されておこなわれた。国民に示されたのは大統領の水爆製造指令にすぎなかったのである。大衆の支持を背景に、自分の考えを主張することが許されないということは、科学者として容認できぬことなのであった。大陸防衛論争は、こうした観点からいえば、軍部の原爆一辺倒政策に対し、多少なりと世論へのアピールをおこないつつ、その独善的性格を修正しようとした努力なのである。

最後に一言科学論について触れるならば、著者の思考の形式論理的でない、動的な性格を指摘せねばならない。最大の特徴は、彼の思想が借り物でない点である。物理学上の諸原理、例えば対応性の原理などを非自然の世界に適用する際には、対象の条件の差異を厳密に検討してからでなければなるまい。そういう問題点は残るにしても、自然を追求する際に駆使した弁証法的な思考方法には、まことに感嘆すべきものがある。自分のものとしてこなされたところの、こうした方法が、科学に対する純粋な愛情の上に築かれているということも、また記しておくべきことの一つである。

文庫版への訳者あとがき

本書は一九五七年中央公論社から出版された『原子力は誰のものか』（以下旧版）を文庫化したものである。訳者の一人として旧版と文庫との関係、旧版出版のいきさつなどについて述べておきたい。

訳者の一人美作が、同時代人の出版人としての視点から、公職追放を受けた悲劇の研究者ロバート・オッペンハイマーの発言の出版を志したのは一九五五年の夏であった。すでに当時オッペンハイマーのイギリス国内でのBBC講演の出版準備が進められていて、これはその後『科学と人間社会』（矢島敬二・矢島文夫訳、新評論、一九五六年二月）として刊行されたが、同氏は入手できるかぎりの資料を集めオッペンハイマーに翻訳出版の承認を求めたところ、彼は快諾しただけではなく原稿数編をプリンストン高等研究所のファイルから貸与してくれ、日本版への序文の原稿も送ってくれたのであった。日本側ではさらに著者の了解も得て原稿を追加し社会的発言の論集の出版の準備を進めた。一方一九五五年春にアメリカのサイモン・アンド・シュスター社が『ザ・オープン・マインド』という題でオッペンハイマー論文集を出版した。この本の内容はすべて旧版の出版計画に含まれていることが確認された。なお『ザ・オープン・マインド』には八編の原稿が入っており、そのうちの四編が本書に収められている。

　これら原稿の翻訳は矢島文夫、敏彦（故人）が協力し、これらを美作と矢島敬二がまとめ、出版されることになった。旧版の翻訳作業にあたっては多くの人の協力を得たが、とくに当時東京大学物理学教室に所属した服部学氏には物理学に関する部分の校閲をいただいた。また、「オッペンハイマーの弁明」の作業には『中央公論』一九五四年六月号「私は水爆完成をおくらせたか」（読売新聞外報部訳）を参照した。しかし、旧版のできばえはけっして満足できるものではなかったといえる。今回文庫化にあたって幾分なりとも改善ができたとすればこれほど嬉しいことはない。

　本書の本文六編は、一九四五年一一月にロス・アラモス研究所でおこなった講演をはじめとして、一九五六年九月に刊行された論文まで第二次大戦後約一〇年間の社会的発言を収める。また旧版に収録した付録は追放事件の第一次資料であるが、訳者による追放の経過説明を含めてすべて文庫版に採録した。また「原著者について」も最小限の加筆でほぼそのまま収録した。

オッペンハイマーは一九六〇年九月に来日し二〇日ほど滞在、京都での国際物理学会会議に出席した。東京港区の国際文化会館でのおそらく物理学者の会合に割り込ませてもらい、夫妻と美作、矢島文夫、敬二との短い会話が実現し、旧版を改めて手渡したのであった。

一九三〇年代世界は次々と発生する変動を体験した。ドイツにおけるユダヤ人の迫害、スペイン人民戦線政府派の行動、独ソ条約成立、ポーランド・フィンランドに対するソ連の行動、これらに対し良心的な科学者オッペンハイマーがたどった思想遍歴を「オッペンハイマーの弁明」で読み、同じ時期の日本の科学者の思想遍歴を合わせ考えるとき、読者はいかなる感想をもたれるであろうか。

旧版刊行後の大きな技術的進展の一つにインターネットの利用がある。現時点で検索機能を使い「ロバート・オッペンハイマー」を調べると、英文では約五〇〇〇のホームページを見ることができ、このなかにはエール大学の提供する追放事件関連の資料もある。また、日本語では約三〇〇件の事項が検索される。こちらの場合には同姓同名を名乗る人物の無関係な事項もあるが、いずれにしても関連資料の入手は旧版出版当時と比べて格段に容易となった。オッペンハイマーの発言はその地位から来る制約のためか、また、急いで原稿をまとめたということもあろうか、むずかしい表現があるから原文を見たくなることもあろう。オッペンハイマーは著作を公開してよいとしたということも聞き及ぶので、この事実が確認できれば原文を見られるホームページを作成してもよいと考えている。

二〇〇一年一二月六日

矢島敬二

パンドラの箱をあけた人

松下竜一

もとより、これは「解説」ではない。本書の解説など私の手に負えることではない。私は物理にも化学にも政治にも無縁できた元・豆腐屋にすぎない。あるいは私が比較的早くから反原発運動に加わっていることが編者に着目されての、指名であったのだろうか。それとても私は理論派には遠く、故・高木仁三郎氏ら反原発の理論的リーダーに導かれての一行動者という位置にあるにすぎない。本書を読み解くだけの力も資格もないことは、これでおわかりと思う。

とはいえ、せっかく与えられた貴重な機会であるから、市井一介の反原発運動者としてオッペンハイマー氏に（もはやかなわぬことながら）問うてみたいことがある。いまとなっては人類にとっての〝禁断の実〟であったとしか思われぬ「核」の扉を押しあけたとき、オッペンハイマーを筆頭にした科学者たちは膨大なエネルギーとともに産み出される放射能をどのように考えていたのだろうかという一点である。

本書に収録されたオッペンハイマーの講演などの主テーマは、核兵器の国際管理をどう進めるかということにあって、核の平和利用は後景に退いているが、それでもその時点ではまだ現実には登場していない原子力発電を示唆する発言を抜き出すことはできる。

〈こうしたことになるべく拘泥しないようにしている人びとがたくさんいます。この人たちは、「原子力の真の重要性は、いままで製造されてきた兵器にあるのではない。原子エネルギーや種々の放射線が人類にもたらす絶大な利益のなかにこそ真の重要性はあるのだ」といっています。そこには幾分かの真理があるといえましょう。私はそこに真理があると確信しますが……〉（一八ページ）

あるいは更に、〈国家主権と国際主権とを調和させる途を見いだすための長期間の苦闘のなかでは、原子力の平和利用のみが頼みの綱となりうるのであります〉（五四ページ）とも述べて、原子力の平和利用（つまり原発だが）で世界が結ばれたときに核兵器の国際管理も可能になるだろうという楽観論さえ展開している。

確かに彼も、〈そして大きな核爆発にかならず付随する放射線と放射能とは、平和的目的への核爆発の応用を、すくなくとも複雑にせずにはおきません〉（四一ページ）と指摘もしているのだが、はたしてどの程度にそれを深刻に考えていたのだろうか。ロス・アラモスの砂漠で最初の原爆が「千の太陽よりも明るく」（ロベルト・ユンク）天地を圧する閃光を放ったときから半世紀以上を経て、いまわれわれが直面しているのは核兵器よりももっと日常的で身近な原発から産み出されるおびただしい放射能（放射性物質）を、どうすればいいのかという至難な問題である。世界中の科学者たちが有効な処理策を思いつかぬままに、日夜にわたって休むことなく放射能は産み出され蓄積されていくばかりである。

オッペンハイマーは、かくも行き詰まった未来を予測していただろうか。

原発の使用済み核燃料に含まれる核種の中には、人類の尺度をはるかに超えて永遠ともいえる半減期を持つものも少なくない。

半減期一六〇〇万年のヨウ素１２９、二一四万年のネプツニウム２３７、二一万年のテクネチウム９９、二万四一〇〇年のプルトニウム２３９などなど。これだけの地球的歳月を経てやっとこれらの放射能は半減されるだけなのだ。チェルノブイリ原発事故で大量に放出され食物まで汚染したことで知られるセシウム１３７やストロンチウム９０でさえ半減期は三〇年なので、人の一生を支配するに充分な歳月なのだ。

日本列島で稼働中の五二基の原発から、使用済み核燃料や運転にともなって発生する放射性廃棄物（核のゴミ）が日夜絶え間なく大量に産み出されているのだ。

そして、それらは青森県六ヶ所村に押し寄せつつある。各原発サイトから溢れた低レベル放射性廃棄物（といっても、決して安全ではない）はドラム缶に詰められて六ヶ所村の低レベル放射性廃棄物埋設センターへと運び込まれるのだ。その数は二〇〇一年四月末現在ですでに一三万本にも達している。これらは名目上は三〇〇年間にわたって管理されることになっているが、三〇年もたてば埋め捨てになることは目に見えている。いったい誰が、三〇〇年にもわたる管理に責任を持てるというのか。

使用済み核燃料はこれまでイギリスやフランスの再処理工場に送られてプルトニウムと燃え残りのウランを取り出しているが、その残り滓となる高レベル放射性廃棄物はガラス固体化され、すでに二〇〇一年四月末現在で四六四本が六ヶ所村に送り返されてきている。高熱を発し続ける猛毒である。現在、六ヶ所村では再処理工場が建設中なので、やがてはここでもプルトニウムの抽出が始まり、高レベル放射性廃棄物のガラス固体は増える一方となる。

いうまでもなくこの中には途方もなく永い半減期を持つ核種も含まれているのだが、

三〇年から五〇年を冷やし続けながら監視して、その後は最終処分地の地下深くに埋めようというのである。もちろん、その最終処分地は決まっていなくて六ヶ所村に置き放しにされる可能性もある。これは日本だけの事情ではなく、原発を持つ世界各国のどこもまだ最終処分地を決めえていないのである。いくら地層深くに埋めるとしても最低でも何百年単位での隔離が絶対的条件なのだから、地殻変動や地下水脈の変化を考えれば誰にも責任のとれることではないのだ。

世界の頭脳が知恵を尽くしても放射能処分の解決策がみつからないのだから（宇宙へ打ち上げてしまえというたわごとまであったが）、やはり人類が決してあけてはならぬ「パンドラの箱」をオッペンハイマーらはあけてしまったのだといわねばならぬ。

はたしてオッペンハイマーには、「パンドラの箱」をあけた第一人者として人類に対して負う苦悩といったものはあったのだろうか。

確かに先の大戦中はドイツに核爆弾で先を超されてはならぬという緊迫の使命感から核爆弾製造に邁進し、のちにはソ連に遅れをとらぬことが推進力となっていくのであり、その軌跡はまさに時代の潮流の最先端に乗せられ苛酷な政治にあやつられた悲劇の主人公であったといわざるをえない。

しかしこの悲劇の主人公に、十字架を背負うような深甚な苦悩が感じられないのはなぜなのだろう。

〈広島を爆撃したときは、飛行機は一機でした。空軍の抵抗は全然見られませんでした。爆撃機は中位の高度で、やや低速で、広島上空をまっすぐに飛びました。そして、TNT爆薬の約一万五〇〇〇トンのエネルギー放出量を持つ一個の爆弾を投下しました。これによって七万人以上の人が殺され、ほぼ同数の負傷者を出しました。この爆弾は中都市を一つほとんど破壊したわけです。これがわれわれの心にとどめたことでした〉（一一三ページ）

広島に触れてのこのそっけない記述のどこかに、哀しみや苦悩や悔恨の影を読み取ることができるだろうか。

オッペンハイマーが米国原子力委員会から追放されたのは水爆製造に反対したからだとされているが、それとても本人の弁明によれば、大統領が計画実施の発表をしたあとは水爆反対を唱えることをきっぱりと終え、〈私は一度も、水爆計画の仕事をするなと人に説いたことはありません〉（二一五ページ）という程度の信念でしかなかったことになる。

結局、彼が主導して後世に遺したものを考えるとき、オッペンハイマーの次のような言葉は痛ましさを帯びてしか聞こえない。

〈もしもわれわれが、科学の価値に対する信念――現実や本性について知ること、自然に対する統御を漸次大きくしていくこと、学び、教え、理解することが、世界に恵みをもたらすという信念――を放棄するならば、絶望であると私は思います〉（三四～三五ページ）

〈科学の価値は人間の世界にこそ存在すべきであり、私たちはすべてこの世界に根ざすのです。この根は世界における最も強靱《きょうじん》なきずなであり、私たちを互いに結びつけているものと比べてさえ、一段と強いのです。これは最も深いきずな――私たちを同胞である人間に結びつけるものであります〉（三五ページ）

そしていま、世界が保有する核弾頭は、ピースデポ発行の『核兵器・核実験モニター』誌（二〇〇一年八月一五日号）によれば、アメリカ一一三七〇、ロシア一一六三〇、中国四一〇、フランス三五〇、英国一八五で、その総数は二三、九四五発にもなる。

他にもイスラエル、パキスタン、インドが事実上の核保有国であり、更にはソビエト連邦崩壊後に消えた核兵器やプルトニウムがどこに散逸したのかという恐怖さえ潜在している。日本もまた核兵器への転用を疑われながら、使用済み核燃料の再処理によってプルトニウムをたくわえていく。

二〇〇三年に発効を目標にしていたＣＴＢＴ（包括的核実験禁止条約）も、後退の気配濃厚である。

オッペンハイマーらが開いた「パンドラの箱」から飛び出した「核」という鬼子はかくも地球上に拡散し、その膨大な放射能は子々孫々末代までの「負の遺産」として無責任にも押しつけられていくのだ。

（まつした　りゅういち・作家）

オッペンハイマーの三つの転機

池内　了

本書の冒頭の「原子力時代と科学者」は、オッペンハイマーがロス・アラモス研究所所長を辞任した後の、原子兵器（原爆）開発に携わった科学者を集めて語った記録である。語り口は難解だが、科学が秘密・秘匿されてはならないこと、原子力時代になった現在、兵器の発達を統制すべきことを述べている。実は、その時点に至るまでに、オッペンハイマーにはこの問題を実直に語って原爆開発から手を引く転機が少なくとも三度あったのだが、彼がおかれていた立場と彼の人間性の限界の故にその機を逸してしまった。後の一九四七年一一月にマサチューセッツ工科大学で行われた「現代世界における物理学」という講演で、彼は「物理学者は罪を知った」と語っているのだが、もっと早く、かつもっと劇的な形でこの所信を述べていたら、戦後の核兵器開発競争は大きく異なった形となっていたのではないかと思っている。その三つの転機について述べよう。

　第一の転機は、一九四四年一二月八日。マンハッタン計画が動き始めた最大の契機としてナチスドイツに原爆開発の先を越されてはならないという理由があったのだが、ドイツに原爆を作り出す能力がないことが明らかになった時点である。

一九三八年一二月に核分裂が発見され、そこから原爆のアイデアを科学者の誰もが持った。アメリカにおいて、グローブス大佐を最高責任者として、原爆開発の特殊プロジェクトとしてマンハッタン計画が正式に起ち上げられたのは一九四二年九月であった。ロス・アラモスに研究所を新設してオッペンハイマーを所長にし、大量の資金と人員と資材を手当して本格的な研究が開始された。ドイツに先を越されてはならないとの焦りがあったのは明らかである。しかし、一九四四年一二月に連合軍のアルソス部隊がドイツ領内に進駐して、ハイゼンベルク（ハイゼンベルク、W.K. 1901－1976：ドイツの理論物理学者。一九三二年にノーベル物理学賞受賞）が主導して進められていた「原爆開発」の実態が明らかになった。実はハイゼンベルクは、早々に爆弾開発を諦めて原子炉築造に切り替えていたのである。原子炉内でウランの連鎖反応を暴走させ爆発を起こす「暴走する原子炉」製作を狙ったようだったが、それも不十分なまま中途で放棄していた。だから、もはやドイツの原爆の可能性はなく、オッペンハイマーはこの時点においてマンハッタン計画中止の決定を下してもよかったのである。

しかし、科学者であれば誰もがいつも世界初の成果を手にしたいと考えている。特に、核分裂反応を通じて莫大な核エネルギーを取り出して爆弾として使う、そのようなまだ誰も経験したことがない成果を手にする機会を失うことは耐えられない。ファインマン（ファインマン、R.P. 1918－1988：アメリカの理論物理学者。一九六五年に朝永振一郎らとともにノーベル物理学賞受賞）が後に書いているように、原爆の完成が目標となると「面白くて仕方がなくなり、考えるのをぷっつり止めてしまう」（藤永茂著『オッペンハイマー』ちくま学芸文庫から抄録）のである。自分たちが作っている爆弾が何のためのものであり、どれだけ甚大な悲劇をもたらすか一切想像せず、ただ劇的《ドラマチック》な成果のみしか頭に浮かばなくなる。それは科学者・技術者の業のようなもので、「世界最初の偉業」であればこそいっそう結果の意味を考えなくなってしまうのだ。研究に従事していた科学者や技術者たちは研究の続行を当然とした。むろんオッペンハイマーも例外ではない。もはや原爆開発の目標がなくなったとして、ロス・アラモスを去ったのはロートブラット（ロートブラット、Sir J. 1908－2005：ポーランド出身でイギリス国籍の物理学者。

一九九五年ノーベル平和賞受賞）ただ一人でしかなかった。翌年の四月にヒトラーが自殺して、五月にナチスドイツが降伏し、もはや原爆開発の目標は完全に失われた。しかし、その時になってもオッペンハイマーを先頭とする科学者集団は開発の手を緩めることなく爆弾製作に勤しんだのであった。

第二の転機は、一九四五年七月一六日。プルトニウム爆弾を実験的に爆発させ、その絶大な威力を目撃したときであった。オッペンハイマーは、アメリカで行われたこの実験場を「トリニティ」と命名した。キリスト教の三位一体を意味するものではなかったようだが、何やら意味深長である。ウラン型より効率的なプルトニウム型の原爆開発に挑戦し、「爆縮型」と呼ぶ独創的な点火法による「ファットマン（太っちょ）」と呼ぶ原子爆弾の成否が試されたのだ。先に開発されたウラン型原爆は、対比的に「リトルボーイ（ちびっこ）」と呼ばれた。

それが見事に成功して、原子爆弾の莫大な威力を目の当たりにすることになった。轟音と閃光とともにこの世の地獄が現出した。オッペンハイマーはこの瞬間に全責任を賭けていたのだが、これを目撃したベインブリッジ（ベインブリッジ、K.T. 1904－1996：アメリカの実験物理学者。トリニティ実験の現場監督を務めた）が「これで俺たちは下司野郎

(sons of bitches) だ」と言った。オッペンハイマーは二〇年経ってもこの言葉を忘れていなかった。まさに、「自分たちはなんというものを作ってしまったのか」と、巨大な爆発を目にして初めて覚ったのである。原子爆弾の成功に大喜びして、苦労の甲斐があったと感じた者も多くいた。科学者たちは、この爆弾の図抜けた爆発力の大きさに対し、それぞれの感懐を持ったのだ。オッペンハイマーは、『バガヴァッド・ギーター』の一節「今、われ死となれり、世界の破壊者となれり」が心の中に浮かんだという。彼が「物理学者の罪」を強く感じた最初であった。

しかし、この第二の転機においても、オッペンハイマーはロス・アラモスを去ろうとしなかった。彼は国家の最高機密に触れることができる資格を持つ科学行政官として遇されており、彼自身も政府に対して科学者ではなく行政官として自分を位置づけていたのである。実は、トリニティで実験が行われることは既にトルーマン大統領に伝えられており、成功すればポツダムでスターリンに対する威嚇手段として使うことが決められていた。原爆はもはやオッペンハイマーの手から離れ、政治家が意のままに扱える政治的手段と化していたのである。私の推測では、オッペンハイマーも科学行政官として、政府高官に従順に従うのが習い性となっており、それに抗議することなど露とも思わなかったのだろう。

第三の転機は一九四五年八月六日（と九日）。広島に原爆が投下されて、その惨状を映画フィルムで見たときである。トリニティにおける実験には実験動物として馬が周辺の荒野に放たれていたが、生身の人間の悲劇を見ることはなかった。しかし、広島ではＴＮＴ火薬一五キロトン分の爆発力によって、一〇マイル四方の建造物が完全に一掃されて更地となり、そこに生きていた何万という人々を抹殺してしまった。そして三日後には二発目の原爆が長崎に投下された。長崎への原爆投下は日本を降伏させるとの便宜的な口実さえもなく、原爆の破壊力によってアメリカが戦後世界の覇権を握るとの宣言であったのだ。原爆は今や政治家と軍人の手に完全に握られてしまった。科学者は単に兵器生産の下請けとして使い捨てにされただけなのだ。もしも、オッペンハイマーがこの段階で「物理学者は罪を知った。原爆開発を行ったことを人類に謝罪する」、との意思を表明してロス・アラモスから去っていたらと思うと残念である。それができていれば、科学者の軍事研究への加担がいかに危険なものであるかということが人々の心に沁み込み、軍拡に全面協力する科学者への厳しい目が注がれるようになっただろうに、と思うからだ。

しかし、オッペンハイマーは第三の転機にも従わなかった。彼は、原爆製造の実権が軍に移ってしまったことを悟り、とりあえずロス・アラモスに参集した科学者たちを元の研究機関に戻し、兵器開発機関としてのロス・アラモスを閉じることに傾注した。そして彼自身は、行政官であることを止められず、その後原子力委員会の一般諮問委員会の初代委員長となり、原子兵器開発の最前線に立ち続けた。いずれソ連も原爆の開発に成功することが容易に想像されたから、そうなる前に原爆の国際管理を行って核兵器競争時代の到来を阻止しようとの動きを起こしたのである。その過程で水爆の開発に反対したことはよく知られているが、原爆を戦術兵器として洗練すれば、水爆のような大量破壊のみにしか役立たない兵器は不必要としたのである。彼はプラグマティックな科学行政官でもあったのだ。

最終的にオッペンハイマーが「二匹のさそり」に例えて核兵器開発競争の愚かしさを述べたのは、本書に所載されている、一九五三年に『フォーリン・アフェアーズ』誌に書いた「原子兵器とアメリカの政策」である。それはまた、オッペンハイマーの政界からの追放が着々と準備されていた頃であった。私は、この事件を「オッペンハイマーの悲劇」ではなく、「オッペンハイマーの最後の転機」と呼ぶべきではないかと思っている。

（いけうち　さとる・名古屋大学名誉教授）

『原子力は誰のものか』
単行本　一九五七年　中央公論社刊
文　庫　二〇〇二年　中公文庫

本文中、今日の人権意識に照らして不適切な語句や表現が見受けられますが、著者が故人であり、執筆当時の時代背景と文化的価値に鑑みて、そのままの表現としました。

中公文庫

原《げん》子《し》力《りょく》は誰《だれ》のものか

2002年1月25日　初版発行
2024年4月25日　改版発行

著　者　ロバート・オッペンハイマー
訳　者　美《みま》作《さか》 太《た》郎《ろう》
　　　　矢《や》島《じま》 敬《けい》二《じ》
発行者　安部 順一
発行所　中央公論新社
〒100-8152　東京都千代田区大手町1-7-1
電話　販売 03-5299-1730　編集 03-5299-1890
URL https://www.chuko.co.jp/

DTP　平面惑星
印　刷　三晃印刷
製　本　小泉製本

Published by CHUOKORON-SHINSHA, INC.
Printed in Japan　ISBN978-4-12-207512-2 C1140

ハ-16-1
ハル回顧録
コーデル・ハル
宮地健次郎 訳

日本に対米開戦を決意させたハル・ノートで知られ、「国際連合の父」としてノーベル平和賞を受賞した外交官が綴る国際政治の舞台裏。〈解説〉須藤眞志

206045-6

マ-13-1
マッカーサー大戦回顧録
マッカーサー
津島一夫 訳

日米開戦、屈辱的なフィリピン撤退、反攻、そして日本占領へ。「青い目の将軍」として君臨した一軍人が回想する「日本」と戦った十年間。〈解説〉増田 弘

205977-1

シ-12-1
ナチス軍需相の証言(上)
シュペーア回想録
シュペーア
品田豊治 訳

一九三三年の政権掌握から対ソ開戦、山荘に集う取り巻きたち。ヒトラーの側近の一人が間近に見たその虚栄と没落。軍事裁判後、獄中で綴った手記。

206888-9

シ-12-2
ナチス軍需相の証言(下)
シュペーア回想録
シュペーア
品田豊治 訳

戦況の悪化、側近たちの離反にヒトラーは孤立を深めていく。終戦、そしてニュルンベルク裁判まで。『第三帝国の神殿にて』を改題。〈解説〉田野大輔

206889-6

チ-2-1
第二次大戦回顧録抄
チャーチル
毎日新聞社 編訳

ノーベル文学賞に輝くチャーチル畢生の大著のエッセンスをこの一冊に凝縮。連合国最高首脳が自ら綴った、第二次世界大戦の真実。〈解説〉田原総一朗

203864-6

ク-6-1
戦争論(上)
クラウゼヴィッツ
清水多吉 訳

プロイセンの名参謀としてナポレオンを撃破した比類なき戦略家クラウゼヴィッツ。その思想の精華たる本書は、戦略・組織論の永遠のバイブルである。

203939-1

ク-6-2
戦争論(下)
クラウゼヴィッツ
清水多吉 訳

フリードリッヒ大王とナポレオンという二人の名将の戦史研究から戦争の本質を解明し体系的な理論化をなしとげた近代戦略思想の聖典。〈解説〉是本信義

203954-4

キ-6-1
戦略の歴史(上)
ジョン・キーガン
遠藤利國 訳

先史時代から現代まで、人類の戦争における武器と戦術の変遷と、戦闘集団が所属する文化との相関関係を分析。異色の軍事史家による戦争の世界史。

206082-1

各書目の下段の数字はISBNコードです。978－4－12が省略してあります。

キ-6-2
戦略の歴史（下）
ジョン・キーガン　遠藤利國訳
石・肉・鉄・火という文明の主要な構成要件別に「兵器と戦術」の変遷を詳述。戦争の制約・要塞・軍団・兵站などについても分析した画期的な文明と戦争論。
206083-8

フ-18-1
制限戦争指導論
J・F・C・フラー　中村好寿訳
第一次大戦下で陸軍の機甲化を初めて提唱したイギリスの軍事史家が、戦争の目的は勝利でなく早期決着・和平にあるとした異色の戦略論。〈解説〉石津朋之
207372-2

マ-10-5
戦争の世界史（上）技術と軍隊と社会
W・H・マクニール　高橋　均訳
軍事技術は人間社会にどのような影響を及ぼしてきたのか。大家が長年あたためてきた野心作。上巻は古代文明から仏革命と英産業革命が及ぼした影響まで。
205897-2

マ-10-6
戦争の世界史（下）技術と軍隊と社会
W・H・マクニール　高橋　均訳
軍事技術の発展はやがて制御しきれない破壊力を生み、人類は怯えながら軍備を競う。下巻は戦争の産業化から冷戦時代、現代の難局と未来を予測する結論まで。
205898-9

マ-17-1
ナチを欺いた死体　英国の奇策・ミンスミート作戦の真実
マッキンタイアー　小林朋則訳
スパイは死体⁉　推理小説をヒントに英情報部が仕掛けた大芝居が、大戦の趨勢を変える。最も奇想天外ながら最も成功した欺瞞計画の全容。〈解説〉逢坂　剛
207173-5

ミ-3-1
なぜリーダーはウソをつくのか　国際政治で使われる5つの「戦略的なウソ」
J・ミアシャイマー　奥山真司訳
ビスマルク、ヒトラー、米歴代大統領のウソとは？　国際政治で使われる戦略的なウソの種類を類型化し実例から当時のリーダーたちの思惑と意図を分析。
206503-1

い-65-2
軍国日本の興亡　日清戦争から日中戦争へ
猪木正道
日清・日露戦争に勝利した日本は軍国主義化し、国際的に孤立した。軍部の独走を許し国家の自爆に至った経緯を詳説する。著者の回想「軍国日本に生きる」を併録。
207013-4

い-108-6
昭和16年夏の敗戦　新版
猪瀬直樹
日米開戦前、総力戦研究所の精鋭たちが出した結論は「日本必敗」。それでも開戦に至った過程を描き、日本的組織の構造的欠陥を衝く。〈巻末対談〉石破　茂
206892-6

ほ-1-1
陸軍省軍務局と日米開戦
保阪正康
選択は一つ——大陸撤兵か対米英戦争か。東条内閣成立から開戦に至る二カ月間を、陸軍の政治的中枢である軍務局首脳の動向を通して克明に追求する。
201625-5

よ-24-8
回想十年（上）
吉田茂
政界を引退してまもなく池田勇人や佐藤栄作らを相手に語った回想。戦後政治の内幕を述べつつ日本が進むべき「保守本流」を訴える。〈解説〉井上寿一
206046-3

よ-24-9
回想十年（中）
吉田茂
吉田茂が語った「戦後日本の形成」。中巻では、自衛隊創立、農地改革、食糧事情そしてサンフランシスコ講和条約締結の顛末等を振り返る。〈解説〉井上寿一
206057-9

よ-24-10
回想十年（下）
吉田茂
戦後日本はどのように復興していったのか。下巻では、ドッジライン、朝鮮戦争特需、三度の行政整理など、主に内政面から振り返る。〈解説〉井上寿一
206070-8

タ-5-3
吉田茂とその時代（上）
ジョン・ダワー
大窪愿《げん》二《じ》訳
戦後日本の政治・経済・外交すべての基本路線を確立した吉田茂——その生涯に亘る思想と政治活動を日米関係研究に専念する著者が国際的な視野で分析する。
206021-0

タ-5-4
吉田茂とその時代（下）
ジョン・ダワー
大窪愿二訳
長期政権の過程を解明。諸改革に見る帝国日本と新生日本の連続性、講和・再軍備を巡る日米の攻防、内部抗争で政権から追われるまで。〈解説〉袖井林二郎
206022-7

の-3-13
戦争童話集
野坂昭如
戦後を放浪しつづける著者が、戦争の悲惨な極限に生まれえた非現実の愛とその終わりを「八月十五日」に集約して描く、万人のための、鎮魂の童話集。
204165-3

の-3-15
新編「終戦日記」を読む
野坂昭如
空襲、原爆、玉音放送……あの夏の日、日本人は何を思ったか。文人・政治家の日記を渉猟し、自らの体験を綴る。戦争随筆十三篇を増補。〈解説〉村上玄一
206910-7

各書目の下段の数字はISBNコードです。978－4－12が省略してあります。

ひ-10-1
群青の海へ　わが青春譜
平山郁夫

広島での被爆、仏教画への第一歩とシルクロードへの旅立ち。自らの半生と「仏教伝来」以来の壮大な画業の内面を記す感動の自伝。〈解説〉大岡　信

201513-5

Cな-2-1
はだしのゲン①
中沢啓治

著者の体験をもとに、強く明るく生きる少年・中岡元の姿を通して、原爆の恐ろしさ、命の尊さ、そして平和への強い願いが込められた名作。

203156-2

Cな-2-2
はだしのゲン②
中沢啓治

元は尊敬する父と姉弟を原爆で失い、母と生まれたばかりの妹と生きるのに必死だった。ある日、死んだはずの弟・進次そっくりな男の子が現われる。

203180-7

Cな-2-3
はだしのゲン③
中沢啓治

元は妹のために粉ミルクを盗み出すが地元のやくざにだまし取られてしまう。元は傷だらけにされ、隆太は敵をとろうと持ち出したピストルを発砲した。

203181-4

Cな-2-4
はだしのゲン④
中沢啓治

やくざになった隆太たちは、足を洗ってやり直すため、自分たちの家を建てた。ある日、元の母が血を吐いて倒れ、原爆被害を調べにＡＢＣＣに行く。

203205-7

Cな-2-5
はだしのゲン⑤
中沢啓治

感化院に入っていた隆太が脱獄してきた。元は戻ってきた隆太と原爆について書かれた小説を本にするがそのことでアメリカ軍政部に連行されてしまう。

203206-4

Cな-2-6
はだしのゲン⑥
中沢啓治

中学生になった元は、原爆で家族を失い、自身も白血病で死にたがっているクラスメートの相原に生きる希望をもってほしいと、ある作戦を立てる。

203229-3

Cな-2-7
はだしのゲン⑦
中沢啓治

看板屋に就職すれば収入もあり絵の勉強もできると考えた元だが、そこで働く黒崎とけんかして今日中に完成させなければならない看板を破いてしまう。

203230-9